在迷茫中觉醒，
用几个瞬间成长

中国华侨出版社

图书在版编目（CIP）数据

在迷茫中觉醒，用几个瞬间成长/张仲勇编著 . —北京：中国华侨出版社，2016.9
ISBN 978-7-5113-6048-9

Ⅰ . ①在⋯　Ⅱ . ①张⋯　Ⅲ . ①成功心理－青年读物
Ⅳ . ①B848.4-49

中国版本图书馆CIP数据核字（2016）第093023号

● 在迷茫中觉醒，用几个瞬间成长

编　　著/张仲勇
责任编辑/文　喆
封面设计/一个人·设计
经　　销/新华书店
开　　本/710毫米×1000毫米　1/16　印张/16　字数/220千字
印　　刷/北京一鑫印务有限责任公司
版　　次/2016年9月第1版　2019年8月第2次印刷
书　　号/ISBN 978-7-5113-6048-9
定　　价/32.00元

中国华侨出版社　北京朝阳区静安里26号通成达大厦3层　邮编100028
法律顾问：陈鹰律师事务所
编辑部：（010）64443056　64443979
发行部：（010）64443051　传真：64439708
网　　址：www.oveaschin.com
e-mail：oveaschin@sina.com

前言
PREFACE

　　生活是一条温暖而忧伤的河，希望总在若即若离的地方。

　　原以为，大人的世界是那般美好，可以随心所欲。等自己真的成年了，才发现，大人的世界竟然有那么多的哀愁，那么多的忧伤。因为什么？因为一些想得到而又不确切的期望，因为在众说纷纭的荒乱里寻觅不到出路的恓惶，因为一些说不清道不明的灰色心情……总以为，再多的言语也无法形容自己思绪里的荒芜，再丰富的表情也表达不了自己内心里的荒凉。

　　这就是迷茫吧，让我们迷失了自己，模糊了自己是谁，忘记了自己身在何处，欲往何方。

　　那些因为迷茫而纠结在一起的情绪，仿佛一首凄哀的曲子，不断吟唱落寞的忧伤。那些延绵不绝的惆怅，恍若沾满毒液的蛛丝，肆无忌惮地钻入周身的每一个毛孔，继续生长、缠绕，束缚了心肺，勒断了肝肠，让我们痛不欲生，最终麻木不仁。

　　或许，每个人都有一个死角，自己不容易走出去，别人也根本闯不进来；

　　或许，每个人都有一道伤口，或深或浅，自己最殷红的鲜血就在那里；

或许，每个人都有一行眼泪，当初喝下的冷水，酿成了今天的热泪，自己最心酸的委屈汇在那里。

因为，自己那么多年的付出，没有得到起码的回报，所以委屈；

因为，自己那么深情的倾注，没有换回一丝的欢爱，所以心悸；

因为，自己离梦想太过遥远，没有扶摇直上的翅膀，所以逃离。

于是整个人生，因迷茫而混沌，因混沌而徘徊。

于是，小心翼翼地蜷缩在阴暗的角落里，生怕一不小心就暴露了内心的无力，渐渐地，快乐不再属于自己，梦想也没有了当初的模样。不是不想要，而是认为自己得不到，于是我们又对自己说：算了吧，就这样吧。

以往明亮的眸子，瞬间变得黯淡；以往激烈的雄心，瞬间土崩瓦解；以往尚留存于心底的一丝不甘，瞬间烟消云散。

最后的最后，当迷茫以一种姿态嵌入我们的生活时，甚至我们自己也分不清，究竟是生活辜负了我们，还是我们辜负了生活……

于是很多人，就这样，让自己在迷茫中慢慢死去。

目 录
CONTENTS

第一辑　谁的青春不忧伤

一、上天是公平的，因为它对每个人都不公平

生活会平等地对待每个人 / 002

你没有自暴自弃的权利 / 005

命运掌控在我们自己手中 / 007

你的弱，是你自己造成的 / 008

愿意付出，才可能有收获 / 011

别总觉得自己是受害者 / 013

不要对这个世界太挑剔 / 016

抱怨并不能够改变结果 / 018

正视现实，努力让自己变得更好 / 020

环境好坏，在于人如何自处 / 022

二、只有感受过痛苦，你才能真正长大

人生中的事故你也有责任 / 026

生命里的伤痕让人生更入味 / 028

如果你受苦了，请感谢它 / 030

是挫折让生命走向了成熟 / 032

最好的成绩往往出于最苦的环境 / 034

让你受苦的人，是在逼迫你成长 / 037

正是那些批评，加速了我们的成长 / 040

从远处看，人生的折磨还很有诗意呢 / 043

三、挣脱孤独的束缚，享受独处的静好

病态的孤独，会把人的一生锁住 / 045

没人拒绝你，是你自卑地拒绝了一切 / 048

自我封闭的心灵，只能是一片死寂 / 051

你感觉自己被抛弃了，可是并没有 / 053

敞开门，与这个世界温暖相拥 / 056

有一种孤独，来源于你的优秀 / 059

若是阳春白雪，自然曲高和寡 / 063

没必要刻意去寻找一个知己 / 065

在喧嚣里，做一个孤独的散步者 / 068

四、打开窗，让阳光驱散心里的忧伤

没有什么是值得痛苦的 / 071

真的痛了，自然就会放下 / 075

不是所有失去，都是遗憾 / 076

坚强，就是一种生活态度 / 078

告别痛苦的手只能自己来挥动 / 081

无论如何，太阳每天都是新的 / 083

生活里的点滴，都是幸福出处 / 085

别把自己的快乐，交给别人保管 / 087

第二辑　谁的爱情不愁肠

一、错的只是选择，失的只是缘分

爱，有时候需要放弃 / 090

情散缘尽，又何必意犹未尽 / 093

别怪别人，也别怪自己 / 095

爱情不是一厢情愿的幻想 / 098

既然是错爱，何以谈幸福 / 101

两情相悦的，才是爱情 / 105

合适的，才是最好的 / 107

如果一定要痛，把痛留给自己 / 110

二、如果，所有的伤害都能够痊愈

爱走了，放不开手才残忍 / 113

他不爱你，你别怪他 / 115

成全，是换个方式让彼此好过 / 117

别怨人家不愿与你一起颠沛流离 / 119

明明是他的错，何必比他还难过 / 123

下一个他，或许更适合你 / 126

别让过去的她永远横在你们之间 / 129

三、爱，就是一种感觉

一辈子不长，用心去爱 / 133

幸福总是眷顾有心人 / 135

爱不是占有，而是为对方着想 / 137

别忘了享受你的爱情 / 139

浪漫是爱，不浪漫也是爱 / 141

像爱孩子一样爱他（她）/ 143

爱是平凡中的一缕幽香 / 146

第三辑　谁的年少不轻狂

一、别让整个青春，都在为冲动埋单

顺应潮流，才不会四处碰壁 / 150
与人方便，自己也方便 / 152
和别人赌气，输掉的是自己 / 153
不是所有事情都要分出是非黑白 / 155
适时放弃，其实也是一种进步 / 158

二、有种自甘堕落，叫好高骛远

用脚踏实地来回应梦想 / 162
虚妄欲望会将切实理想打得粉碎 / 164
循序渐进，才能攀上人生高峰 / 166
不幸从好高骛远开始，到寸步难行结束 / 168
现在做好小事，将来才能成大事 / 170

三、在你学会尊重之前，不要奢望得到尊重

没有礼貌的人，就像没有窗户的房屋 / 172
不加抑制的愤怒，总是令生活一团糟 / 174
以虚心的姿态去实践自己的梦想 / 176

像珍视初恋一样珍视你的信誉 / 179

热情，是一种强而有力的吸引 / 182

若能争让有度，更让人佩服一生 / 184

第四辑　谁的雄心不受伤

一、梦想从不曾被毁灭，只会被搁浅

人活着，总得让自己有个盼头 / 188

别在最好的年纪里消极怠工 / 191

让雄心激励我们前进 / 194

前半生的犹豫，导致后半生的无能 / 195

就算再贫瘠的土地，也有适合的种子 / 198

二、走错了路，就当人生又多走了几步

谁的青春不犯错 / 200

失败是走向成功的开始 / 202

摔倒了先别急着爬起来 / 205

尽量走好人生的每一个路口 / 208

内心坚毅的人总会出头 / 210

三、你别走到一半，就不走了

别让生活打破了梦想 / 212

冷板凳不怕坐十年 / 214

成与败也许只在一念间 / 217

如果挖井，就挖到水出为止 / 220

再试一次，结果也许就大不一样 / 223

一次挫折是失败，一百次挫折是成功 / 225

坚持，助你到达成功的彼岸 / 228

四、努力，才会有未来

你一打盹，也许危险就来了 / 231

你不成长，没有人会等你 / 234

别让自己成为被温水煮的青蛙 / 236

没有伞的孩子，必须努力奔跑 / 237

学习的苦根上终会长出甜果 / 239

默默努力就好，不必所有人知道 / 242

第一辑
谁的青春不忧伤

当我们放肆地走过青春以后，总有一天会小心翼翼地回望自己留下的足迹和那些在我们青春路上烙下印记的人与事。

也许当时，我们还不知道生活不容易，而且此时的境况谁也无法预料，可我们还是要学会快乐。谁的青春能不忧伤呢？不忧伤的青春是不完美的，我们需要在这淡淡的忧伤中学会开心，学会坚强，学会生活。

一、上天是公平的，因为它对每个人都不公平

世界就这么大，世界上的东西就那么多，你得到的多，别人就会少一点，别人得到的多，你就会少一点。无论谁多谁少，都不是绝对的公平。上帝对每个人都是不公平的，因为总有人在某一方面比另一个人好，上帝对每个人又都是公平的，因为它对每个人都不公平。所以，如果不公平找到了你，那么就让自己的心公平地接受不公平的"贺礼"。

◎ 生活会平等地对待每个人

你羡慕别人的幸福，却不知道有人也羡慕着你的幸福。生活并不只亏待你一个人，活着，谁都不容易。

你认为自己一无所有，其实比你更一穷二白的人还有很多；

你认为别人相貌比你好，却忘了有些人甚至没有手脚。其实，学会了感恩，你就会发现，自己其实也是幸运的。

有两个一起长大的孩子从小就都失去了父母，后来都被来自欧洲的外交官家庭所收养。两个人都上过世界上著名的学校。但她们两个人之间却存在着不小的差别：其中一个30多岁就成了女强人，经营着一家颇有名气的企业；而另一个在国内某所学校任教，待遇不错，但她一直觉得自己很失败。

那年，在欧洲经商的人回国了，邀请亲友邻居一起吃饭，也包括在国内任教的那个朋友。晚餐在寒暄中开场，大家谈论着这些年各自的发展变化以及所经历的趣闻轶事。随着话题的一步步展开，教师开始越来越多地讲述自己的不幸：她是一个如何可怜的孤儿，又如何被欧洲来的养父母领养到遥远的地方，她觉得自己是如何的孤独。她怀着一腔报国的热忱回国，又是如何不受重视等。

开始的时候，大家都表现出了同情。随着她的怨气越来越重，那位经商的终于忍不住制止了她的叙述："可以了！你一直在讲自己多么不幸。你有没有想过，如果你的养父母当初在成百上千个孤儿中挑选了别人又会怎样？"教师直视着她的朋友说："你不知道，我不开心的根源在于……"然后接着描述她所遭遇的不公正待遇。

最终，经商的说："我不敢相信你还在这么想！我记得自己25岁的时候无法忍受周围的世界，我恨周围的每一件事，我恨周围的每一个人，好像所有的人都在和我作对似的。我很伤心无奈，也很沮丧。我那时的想法和你现在的想法一样，我们都有足够的理由抱怨。"她越说越激动，"我劝你不要再这样对待自己了！想一想你有多幸运，你不必像真正的孤儿那样度过悲惨的一生，实际上你接受了非常好的教育。你负有帮助别人脱离贫困旋涡的责任，而不是找一大堆自怨自艾的借口把自己围起来。在我摆脱了顾影自怜，同时又意识到自己究竟有多幸运之后，我才获得了现在的成功！"

那位教师深受震动。这是第一次有人否定她的想法，打断了她的凄苦回忆，而这一切回忆曾是多么容易引起他人的同情。

在不同人的眼中，世界也会变得不同。其实星星还是那颗星星，世界依然是那个世界。你用欣赏的眼光去看，就会发现很多美丽的风景；你带着满腹怨气去看，你就会觉得世界一无是处。

有句话说得好，"凡墙都是门"，即使你面前的墙将你封堵得密不透风，你也依然可以把它视作你的一种出路。琐碎的日常生活中，每天都会有很多事情发生，如果你一直沉溺在已经发生的事情中，不停地抱怨，不断地指责，总觉得别人都比你过得好，总觉得生活错待了自己。这样下去，你的心境就会越来越沮丧。一直只懂得抱怨的人，注定会活在迷离混沌的状态中，看不到前头亮着一片明朗的人生天空。

请欣然接受生命中的事实，不管人生怎么样，总要让自己的生命充满了绚烂与光彩，不要总觉得谁都对不起你。人生有无限的可能，一切都在你手里。

◎ 你没有自暴自弃的权利

一张白纸上画着一个黑点,有的人只看到黑点,那他就钻进了"黑点"这个死胡同,黑点被扩大化,因此全然不觉周围还有着大片的白纸。

很多年轻人,受了一点挫折和失败,就开始怀疑自己,甚至怀疑人生,觉得"我不行",或者"这世界太不公平了"、"我太倒霉了"。这是典型的以偏概全的"黑点思维"。其实,当你抱怨买不起新鞋的时候,有的人连穿鞋的机会都没有呢!

有个穷困潦倒的销售员,每天都在抱怨自己"怀才不遇",抱怨命运捉弄自己。

圣诞节前夕,家家户户热闹非凡,到处充满了节日的气氛。唯独他冷冷清清,独自一人坐在公园的长椅上回顾往事。去年的今天,他也是一个人,是靠酒精度过了圣诞节,没有新衣、没有新鞋,更别提新车、新房子了,他觉得自己就是这世界上最孤独、最倒霉的那一个人,他甚至为此产生过轻生的念头!

"唉!看来,今年我又要穿着这双旧鞋子过圣诞节了!"说着,他准备脱掉旧鞋子。这时,"倒霉"的销售员突然看到一个年轻人滑着轮椅从自己面前经过。他顿时醒悟:"我有鞋子穿是多么幸福！他连穿鞋子的机会都没有啊！"从此以后，推销员无论做什么都不再抱怨，他珍惜机会，发奋图强，力争上游。数年以后，推销员终于改变了自己的生活，成了一名百万富翁。

有时候，换个角度想问题，就能放下暂时的困惑。有时思维走进一个死胡同，从另外一个角度看，从圈子外来看待问题，这个时候视野开阔了，问题反而感觉不那么严重。

世界不就是这个样子吗？你想要求绝对的公平，肯定不现实，但你并不是最倒霉的那一个。

生活中，我们每天都有可能会碰到一些倒霉的事情。当我们为此伤心、烦恼、唉声叹气的时候，不妨想一想，这世上还有人比我们更倒霉呢！尽管我们认为自己已经够倒霉了，但是或许在有些人心里，如果他们能达到我们现在这样的状态，就一定要用最大的虔诚谢天谢地了。所以，请记住，你，不是最倒霉的人，所以，你没有自暴自弃的权利。

◎ 命运掌控在我们自己手中

如果把人生比作一场牌局，那么命运是庄家，我们是玩家。虽然庄家掌控着游戏规则，但我们也有选择怎样出牌的权利。命运看似无从改变，实则时时都在变化，命运最终掌控在我们自己手中。

美国前总统艾森豪威尔的母亲非常喜欢打牌，没事的时候常拉着子女们一起玩上几把。小艾森豪威尔玩牌有个特点，就是拿到好牌就得意扬扬，拿到臭牌就垂头丧气，有时甚至弃牌不玩。这个习惯总是让大家很扫兴，母亲对他的毛病也很担忧，决定找机会教育他一番。

有一次玩牌，艾森豪威尔连拿几把臭牌，便又开始抱怨起来，母亲趁机对他进行教育："发牌的是上帝，不管什么牌你都得拿着，抓到坏牌抱怨也没用，你应该想方设法把它打好。"母亲的这番话，艾森豪威尔一直铭记于心。

1952年，艾森豪威尔参加总统竞选，当时形势对他很不利，他的得票率被对手逐渐拉大，竞选过半的时候，人们都觉得他没戏了，他的竞选班子也有人提出放弃。

艾森豪威尔对他的竞选班子说："不管什么牌你都得拿着，

抓到坏牌抱怨也没用，你应该想方设法把它打好。"他及时调整战略，利用自己"二战英雄"之长，集中攻击对手"逃避服兵役"之短，很快便扭转了局面。当时，美国民众正因朝鲜战场的失败而怨声载道，一旦证实另一个总统候选人是个懦夫，选民们立刻倒戈，艾森豪威尔由此翻盘，当上了美国第34任总统。

  在人生的这场牌局中，抓到烂牌的几率很大，牌面的好坏有时不由我们选择，但我们可以用最好的心态去接受现实。即使你手中只是一副烂牌，但你可以尽最大努力将牌打得无可挑剔，让手中的牌发挥出最大威力。相反，如果上帝给了你一副好牌，但你总是四个二带俩王这么出招，那么再好的牌面也会被你糟蹋。

  上帝只是负责发牌，玩牌的是我们自己。

◎ 你的弱，是你自己造成的

  看到过很多怨男怨女帖，内容大致都是以一副受害者的面目在诉说自己的悲惨故事。一再向人们强调，"你看，我没钱没势没背景，没个儿没胸没相貌，活脱脱的弱势群体，因为是弱者所以被别人欺负"。这条完整的论证链条，试图说服大家相信："我"身上所出现的一切问题，都是弱势处境的外因造成的，不是"我"不想好好做人，而是生活不给我这个机会。

但事实上，你的弱，是你自己造成的。

约翰·沃尔走出办公大楼，身后突然传来"嗒……嗒……嗒……"的声音，很显然，那是盲人在用竹竿敲打地面探路。沃尔愣了片刻，接着，他缓缓转过身来。

盲人觉察到前方有人，似乎突然矮了几公分，蜷着身子上前哀求道："尊敬的先生，您一定看得出我是个可怜的盲人吧？你能不能赏赐这个可怜人一点时间呢？"沃尔答应了他的请求，"不过，我还有事在身，你若有什么要求，请尽快说吧。"他说。

片刻之后，盲人从污迹斑斑的背包中掏出一枚打火机，接着说道："尊敬的先生，这可是个很不错的打火机，但是我只卖2美元。"沃尔叹了口气，掏出一张钞票递给盲人。

盲人感恩戴德地接过钞票，用手一摸，发现那竟然是张百元大钞，他似乎又矮了几公分："仁慈的先生啊，您是我见过最慷慨的人，我将终生为您祈祷！愿上帝保佑您一生平安！先生您知道吗？我并非天生失明，我之所以落到这步田地，都是15年前迈阿密的那次事故所赐！"

沃尔浑身一颤，问道："你是说那次化工厂爆炸事故？"

盲人见对方似乎很感兴趣，说得越发起劲："是啊，就是那一次，那可是次大事故，死伤了好多人呢！"盲人越说越激动，"其实我本不该这样的，当时我已经冲到了门口，可身后有个大个子突然将我推倒，口中喊着'让我先出去，我不想死！'而且，他竟然是踩着我的身子跑出去的！随后，我就不省人事，等到我从医院中醒来,就已经变成了这个样子!"

谁知,沃尔听完以后,口气突然转冷:"詹姆斯先生,据我所知,事情并不是这样,你将它说反了!"

盲人亦是浑身一颤,半晌说不出一句话来。沃尔缓缓地说:"当时,我也在迈阿密化工厂工作,而你,就是那个从我身上踏过去的大个子,因为,你的那句话,我这一生都忘不了!"

盲人怔立良久,突然一把抓住沃尔,发出变调的笑声:"命运是多么的不公平!你在我身后,却安然无恙,如今又能出人头地,我虽然跑了出来,如今却成了个一无是处的瞎子!这灾难原本是属于你的,是我替你挡了灾难,你该怎么补偿我?!"

沃尔十分厌烦地推开盲人,举起手中精致的棕榈手杖,一字一句地说道:"詹姆斯,你知道吗?我也是个瞎子,你觉得自己可怜,但我相信我命由我不由天!"

很多人喜欢扮演弱者的角色,目的不过是为了得到宽容和同情。而事实上,习惯装可怜的人往往得不到同情与认同,反而会遭到越来越多的轻视,到最后,连自己都会在这些负面的念头中彻底沉沦。

人!不要总一副楚楚可怜的样子。你抱怨再多,也不可能改变现状,唯有行动才能帮助你开辟一片属于自己的天空;你处境再难,也不是沉沦的借口,同情不可能将你从深渊中拉出。不要让别人觉得你可怜,无论我们最终会成为什么样的角色,但你必须是自己生命的主角。

◎ 愿意付出，才可能有收获

有些人，嫉恨别人的所获，就刻意忽略别人的付出，把别人的成功归因于世界的不公，给自己的不努力找理由。与此同时，将自己拉入自我欺骗的臆想当中，觉得整个世界都欠自己的，心中悲愤无比。

其实，这个世界不欠任何人的，它给了你存活的空间，这就是最大的恩赐，而你最终活成什么样，那是你自己的事情。如果你不够努力，就不要抱怨别人比你得到的多，没有人抢走你任何东西，你的所获，一定程度上与你的付出成正比，而不是别人的错。

某一天，约克和汤姆结伴旅游。约克带了3块饼，汤姆带了5块饼。有一个路人经过，路人饿了。约克和汤姆邀请他一起吃饭。约克、汤姆和路人将8块饼全部吃完。吃完饭后，路人感谢他们的午餐，给了他们俩8个金币。约克和汤姆为这8个金币的分配展开了争执。汤姆说："我带了5块饼，理应我得5个金币，你得3个金币。"约克不同意："既然我们在一起吃这8块饼，理应平分这8个金币。"约克坚持认为每人各4块金币。

为此，约克找到公正的夏普里。夏普里说："孩子，汤姆给你 3 个金币，因为你们是朋友，你应该接受它；如果你要公正的话，那么我告诉你，公正的分法是，你应当得到 1 个金币，而你的朋友汤姆应当得到 7 个金币。"约克不理解。

夏普里说："是这样的，孩子。你们 3 人吃了 8 块饼，你吃了其中的 1/3，即 8/3 块，路人吃了你带的饼中的 3-8/3=1/3；汤姆也吃了 8/3，路人吃了他带的饼中的 5-8/3=7/3。这样，路人所吃的 8/3 块饼中，有你的 1/3，汤姆的 7/3。路人所吃的饼中，属于汤姆的是属于你的 7 倍。因此，对于这 8 个金币，公平的分法是：你得 1 个金币，汤姆得 7 个金币。你看有没有道理？"

所得与自己的贡献相等，这就是夏普里说的意思。

你愿意付出，才可能有收获，这就是世界的法则。

当然，不努力也可以，不努力也是人生的权利，除了父母师长，没有人会一直督促你努力。做个平庸之辈也是自己的选择。但不要自己不努力，偏偏又愤世嫉俗，觉得别人的成就都是投机取巧得来的，就你一个人无辜遭受命运的作弄。觉得别人都不该享受他们的生活，都应该接受你的正义审判。

事实上，你只看到了别人的小蛮腰，却没看到她们挥汗如雨在健身房；你只看到别人出入高档场所，却没看到人家平日里的辛苦奔忙。

世界真不欠你的，也不欠任何人的。每个人都有权利享受自己通过努力创造的幸福，世上没那么多内定的成功，你没能出人头地，要怪你还不够努力。

如果你能全力以赴地去做事，没有人会否定你的优秀。

◎ 别总觉得自己是受害者

一场考试或考核，无论程序多么公开，制度多么规范，落选者总是会说："这里面一定有黑幕！"而且，这种猜疑总是能引起舆论共鸣。公司的晋升选拔，无论做得多么透明，总是会有那么一小撮人议论："这个人就是靠溜须拍马上去的。"或者"肯定给领导好处了！"在有关穷人富人的舆论争议中，这种心态表现得更明显，没有多少是非原则的认知，充斥着受害者的情绪发泄。这样的情绪状态，心理学上称之为"受害者心理"。这是一种消极的应对问题方式，其本质上是一种逃避心理。有了"受害者心理"，很容易通过不断肯定自己的无辜，把责任推给他人，而不去解决问题。就像歌曲《为什么受伤的总是我》中唱的那样："为什么受伤的总是我，到底我是做错了什么……"

有两个年轻人同在一家卖场工作，其中一个已经在这里待了4年。他的朋友与他在柜台边交谈，他说，这家商店没有器重他，他正准备跳槽。在谈话中，有个顾客走到他面前，要求看看帽子，但这年轻人却置之不理，继续谈话。直到说完了，才对那位显然已不高兴的顾客说："这儿不是帽子专柜。"顾客问帽子专柜在哪儿，年轻人懒洋洋地回答："你去问那边的管理员好了，他会告诉你的。"4年来，这个年轻人有过很多的机会，但他却没把握住。他本可以使每一个顾客成为回头客，从而展现出他的才能，但他却冷冷淡淡，把好机会一个又一个地损失掉了。

另一个年轻人则是新来的。这天下午，外面下着雨，一位老妇人走进卖场，漫无目的地闲逛，显然不打算买东西。大多数销售员都没有搭理她，而那位新来的年轻人则主动过去打招呼，很有礼貌地问她是否需要服务。老妇人说，她只是进来避避雨，并不打算买东西。这位年轻人安慰她说，没关系，即使如此，她也是受欢迎的。他还主动和她聊天，以显示他确实欢迎她。当她离开时，年轻人还送她出门，替她把伞撑开。这位老太太向这位年轻人要了一张名片，就走了。

后来，这个年轻人完全忘了这件事。但有一天，他突然被卖场总经理召到办公室，总经理向他出示了一封信，是那位避雨的老太太写来的。老太太要求这家卖场派一名销售员前往英国，代表该公司接下一宗大生意。老太太特别指定这位年轻人接受这项工作。原来这位老太太是英国一位商界大鳄的母亲。这位年轻人由于他的热情、积极和平和的心态获得了一个极佳的晋升机会。

而那位在卖场工作4年的年轻人在得知有位新人获得这样一个大好机会以后，愤怒了，他逢人便说那人肯定是总经理家亲戚，说不准是他情人的弟弟呢，而他并不知道在那个年轻人身上发生了什么。

当然,这个年轻人之所以能获得这个晋升机会,有一点偶然的因素,但有一句话一直都在提醒着每个人——机遇永远留给有准备的人。那些办事三心二意,干活投机耍滑的人,永远都不可能把机遇牢牢地握在手中。就如第一个店员,他每天都牢骚满腹,甚至对顾客恶脸相向,即使他碰上的是英国首相式的人物,也不可能平步青云,弄不好反而会丢了工作。

其实,导致人与人之间生存境况差异的因素就在这里,与其说是人人都和你作对,不如说是你在和自己作对。然而那些有"受害者心理"的人永远不会这么想,他们有一整套歪曲的逻辑——不是我的问题,是别人不好;不是我的问题,是我小时候没这个条件;不是我的问题,是这个社会不公平。他们把自己困在思想的牢笼里,认为自己永远是好的,错误都是别人和社会的。其实,觉得世界不公平,本质上还是你不够强大,你还没有做得足够好。

如果你愿意,你总是可以掌控点什么。谁没有痛苦,谁没有纠结呢?除非你让自己深深陷入抱怨与自怜之中。只要你愿意用一种掌控者的心态,去重新面对自己的工作和生活,你会发现生活很快就发生了质的改变。

◎ 不要对这个世界太挑剔

一帆风顺的人生不会存在，坎坷一生的生活也不是最悲惨的，痛苦和快乐都取决于心。你要做的就是接受这一切，坦然地接受，大度地包容，哪怕这些是最痛苦的事情。

雅文拥有一切。她有一个完美的家庭，住海景洋房，从来不用为钱发愁。而且，她年轻、漂亮、聪慧。

和她一起外出是一件乐事。在餐厅里，你会看到邻桌的男士频频向她注目，邻桌的女士为她而相互窃窃私语……有她的陪伴，你感觉很棒。她让你由衷地认为做男人真好。

不过，当所有闲聊终止的时候，这样的一刻出现了：雅文开始向你讲述她悲惨的生活——她为减肥而跳的林波舞，她为保持体形而做的努力，她的厌食症。

你简直不敢相信自己的耳朵！这位美丽的女士真实地、深切地认为自己胖而且丑，不值得任何人去爱。当然，你会对她说，她也许弄错了。事实上，这世界上的一半人为了能拥有她那样的容貌，她那样的好运气和生活，宁愿付出任何代价。不，不，她悲哀地挥着手说，她以前也听过类似的话。她知道这话只是出于礼貌，只是一种于事无补的慰藉。你越是试图证实她是一位幸运的女孩，她越是表示反对。

或许是生活真的给了她太多，令她反而觉得一切都是那么理所当然，于是对生活的期望也越来越高，乃至于一点微小的缺憾都不能容忍。现在的她需要明白：生活并不完美，生活从来也不必完美。生活能否美如画，取决于你的活法。

许多人都听过"超人"克里斯托夫·瑞维斯的故事。他曾经又高又帅、又健壮、又知名、又富有。可是，一次，他不慎从马上跌落下来，使他摔断了脖子。从此，他不能再自由地走动了。现在，他坐在轮椅里……

不过，瑞维斯和雅文有所不同：他感谢上帝让他保留了一条生命，使他可以去做一些真正有意义的事——为残疾人事业而努力。而雅文则是为她腹部增加或减少了几毫米厚的脂肪或悲或喜着。

生活并不完美，但是也并不悲惨。人来到这个世界上，不是为了享受生活或体验悲惨的。

不能因为有人说我们活着是为了享受的，所以遇到悲惨就不想活了；也不能因为有人说我们活着就是为了体验苦、经历磨难的，所以好日子就被鄙视了。

其实，幸福与悲惨不都是生活吗？

如果人生的意义、目的，可以说清道明，那世界上的人不都一样了？如果每个人都做一样的事，都过一样的生活，那生活就过于单调了。

悲不悲惨，快不快乐是一种感觉，每个人在心里怎样告诉自己，就会拥有怎样的生活，或悲，或喜。

◎ 抱怨并不能够改变结果

同样的生活，如果人们心怀抱怨的时候，他看到的一切都是灰色的，那么他的生活就总是不幸和冷清的；如果人们充满了满足、自信以及感恩，那么他的生活就是幸福和温馨的。这就是心态的不同所导致的不同结果。

抱怨是最消耗能量的无益举动。有时候，我们的抱怨会针对人，也会针对不同的生活情境，表示我们的不满。在找不到人倾听我们的抱怨时，我们会在脑子里抱怨给自己听。而正是这些抱怨，让我们彻底失去了改变生活的机会。

张凡大学毕业以后，进入一家公司的策划部门工作，连主管在内，策划部一共5个人。因为张凡文笔好，很快受到经理的重视，公司的一些活动方案都交给张凡起草。一般情况下，张凡起草的活动方案，主管稍加改动，就会直接报给公司最高层，大多数都能通过审核付诸实施，但有时也会因某些公司领导的想法突然改变，重新进行调整。

有一次，公司要开展一次送温暖下基层的活动，起草方案的任务自然落在张凡头上。张凡先与对方进行了联系沟通，详细地了解当地的情况和对方的需求，然后再根据公司的具体情况，很快起草了整个活动的方案。方案送上去后，得到了公司高层领导的好评，说不愧是一份既详细周到，又节约实用的好方案。张凡为此暗自得意了很多天。

可是，就在这次活动开始的头天夜里，张凡已经睡下了，朦胧中手机铃声响了起来，是公司秘书小雯打来的。她告诉张凡，公司领导临时改变决定，那份活动方案需要修改，要张凡马上回公司。张凡一看，已经是凌晨两点多了。"哪有这样折腾人的！"张凡十万个不愿意，但又不得不拿起外套往公司赶，心里直抱怨公司的领导怎么会如此朝令夕改，并且完全不顾及员工的感受，还说什么以人为本。到了公司一看，主管也在。虽然很快完成了方案的修改，但大家都觉察出了张凡的不满情绪。

也不知道为什么，自从这件事后，张凡的心理发生了一些变化，他的抱怨开始多了起来，一点小事都会斤斤计较，慢慢地，抱怨的情绪逐渐占据了张凡的内心。久而久之，同事们开始对张凡产生意见，慢慢地疏远了他。公司领导也不再让他承担主要工作，而是叫他配合其他同事。

不如意的人和事随时会出现在我们的周围，一旦事情发生了，我们就会不开心，会忧虑紧张，会感觉到各种压力，但是我们不要抱怨，要做的就是积极调整自己的心态，以理智解决问题，最终就能够让自己的心灵得到放飞。

抱怨自己的人，应该试着学习接纳自己；抱怨他人的人，应该试着把抱怨转成宽恕；抱怨环境的人，应试着用努力改变环境对待你的方式。这样一来，你的生活会有想象不到的大转变。

◎ 正视现实，努力让自己变得更好

父母只负责把你带到这个世界上，并在你没有能力独自生存的时候给予你照顾和教育。至于你以后能够活成什么样子，那是你自己应该负责的事情。你现在真正的问题也许不是出身在寒门，而是出身在寒门自己还不争气。生活，不在于你生得如何，而在于你如何活。

展鹏与陈诚是大学同学，在校期间他们所研修的都是美术专业。学习上，展鹏一直勤奋刻苦，精益求精，他设计的作品不止一次摘得省级比赛大奖，在学校时便有才子之称。陈诚则完全是另一副样子，他仗着自己家里有钱，整日吊儿郎当，甚至连毕业作品都是花钱请人代笔的。

不过这个世界就是这样，很多时候，有才华的人确实会有怀才不遇的境遇。大学毕业以后，展鹏费了好大力气才来到一所中学当美术教师，每个月的工资也只有1000多元，生活得有些拮据。而更让他愤愤不平的是，陈诚凭借家里的关系，竟然轻而易举地进入当地一家知名报社做了美编，每个月的薪水有4000多元！

现实带给二人的巨大反差令展鹏心中窝火，他的性格变得越来越偏激，每次只要在报刊上看到陈诚的名字，都会喋喋不休地数落世界的不公。渐渐地，展鹏心中斗志全无，他不愿意再努力——反正"有德有才"永远比不上"有钱有势"，再怎么努力也是白费！——他这么想，也是这么做的，他开始消极怠工。

陈诚则截然相反，他的才华原本远不及展鹏，但在进入报社以后突然上进起来，也是由于在这里经常能够接触一些上层作品，使得陈诚的专业水平突飞猛进。

3年之后，展鹏的工作态度彻底惹怒了校领导，他丢掉了维持生计的饭碗，而陈诚却因为业务扎实、思维新颖，被逐步提升为报社的美编主任。这时的展鹏已经无法再小看陈诚了，因为就其作品而言，陈诚的美术功力显然已经超过了自己。

不可否认，生活有时确实存在着它偏心的一面，但人的出身卑微或外表平平甚至身体带有缺陷，都是无法选择的，可是内心状态、精神意志却完全由我们自己掌控。如果我们能够正视所谓的命运，正视你所必须承受的种种不快，对抗它带给你的伤害，你就有机会成为自己想象中的样子。而生活带给你的那些痛苦，其实只是为了告诉你它想要教给你的事，你一遍学不会，就痛苦一次，总是学不会，就会在同样的地方反复摔跤。

◎ 环境好坏，在于人如何自处

无论你身处逆境还是顺境，消极被动的心态都会使你慢慢丧失活力与创造力。因此只有战胜消极被动的心态，才能让自己走向成功。

他的童年非常不幸。他的童年记忆中掩藏着一个深水塘。

四岁的时候，他的父亲蒙冤入狱，几个月之后就凄惨地离开了人世。母亲为了营救狱中的父亲，四处奔走，吃尽了人间之苦，以致无暇顾及孩子。由于无人照料，两个弟弟和一个妹妹接连患了重病，不久相继死去。

他生命的天空阴霾密布。死神在向他召唤，他气若游丝，感觉自己也将要追随父亲而去。也许是老天觉得自己过于残酷，生了悲悯之心，于是一缕轻柔的阳光透过云隙，照到了他的身上，他又侥幸地活了下来。

他与死神擦肩而过，处于绝望边缘的母亲变得欣喜若狂。母亲把所有的希望都寄托在他的身上，变卖了嫁妆把他送进学校，以近乎残酷的方式督促他学习，希望他将来能出人头地，为屈死的父亲洗冤雪恨。

然而，他却不爱学习。他经常偷偷地溜出教室，追随着鸟儿来到野外，赏田间的野花，看天上的流云，捉河里的游鱼。他没有想到，有一天学校的老师竟然找到了他家，把他逃学的情况告诉了他的母亲，还严厉地责备了母亲管教不严。母亲无言，只在一旁默默地流泪。

他回家以后，母亲问他，今天的功课学得怎么样，他依旧像往常一样撒了几句谎话。母亲仍旧无言。晚上，待他睡熟后，母亲跪在丈夫的灵牌前痛哭了很久，顿觉万念俱灰，一个可怕的念头闪过脑海：既然活着毫无意义，不如一家人都到地下相会去吧。

母亲找出一根结实的麻绳，将酣睡中的儿子捆绑了起来。这时，他从睡梦中惊醒，看到了披头散发、面目狰狞的母亲，顿时吓呆了，可是他却动弹不了，他立刻知道了母亲的疯狂念头，他痛哭流涕地哀求母亲饶了他这一回，但是母亲已绝望至极，面对他的哭喊无动于衷。

他清楚地记得，那是一个阴云密布的夜晚，母亲将五花大绑的儿子死命地拖向家门前的深水塘。那个深水塘很深很深，曾经淹死过不少人，他感觉寒刀一般的恐惧霎时从脚底升腾而起，充满了他的整个心胸。他觉得自己正在坠入死亡的深渊。他拼命地喊救命。

直到周边的邻居们奔出来，把母亲推倒在地，才救出了他。

他又一次与死神擦肩而过。

从那以后，深水塘成了他心底无比疼痛的深渊，母亲那绝望的面孔，成了一朵盛开在深渊里的花。

　　他再也不敢逃学了。不久，他以优异的成绩考上了上海大同大学附中。继而，母亲变卖了所有的家产送他去法国留学。他在学习上更加勤奋用功，不曾有丝毫的懈怠。他以极大的热忱进入了多种艺术领域，他对法国著名的作家作品进行了持久而深入的研究。每当有懈怠的念头时，他就会想起那令他疼痛的深水塘，想起那个被五花大绑的少年，想起母亲那绝望而又爱怜的目光。正因为有过这样的经历，他才真正地触摸到了罗曼·罗兰的艺术灵魂，他才对莫扎特与贝多芬有了更深的理解，他才更加深切地体验到了一个伟大心灵的悲痛与抗争。

　　他把一生都奉献给了文学翻译事业。他翻译的罗曼·罗兰的《约翰·克里斯朵夫》等作品，影响了一代又一代的年轻人，激励着他们追求艺术，追求理想；他翻译的巴尔扎克的《人间喜剧》，奠定了巴尔扎克在中国人心中的写实之王的地位。他将巴尔扎克、伏尔泰、梅里美的名作以完美的形式展示给了中国读者，他的译作受到了文学界的广泛赞誉，成为了不朽的经典。

　　他就是傅雷。

　　一个人一旦养成了消极的习惯，那么处于顺境便盲目满足、放弃努力，遇到成功便自我满足、停滞不前，处于逆境便轻易退缩、灰头土脸，遇到困难便轻言放弃、怨天尤人。这就是消极的种子最容易破土发芽的环境。

  一个环境,怎样算好?怎样算坏?标准并不在环境本身,而在于人如何自处:置身其间,不迷失自己,保持积极主动的精神,这样的环境再"坏"也是好环境,反之,再"好"的环境也是坏环境。环境对人确实有一定的影响,而最关键的还是人自身,顺境或逆境都不能成为消极被动的借口。

二、只有感受过痛苦，你才能真正长大

都说青年时代是最美好的，因为这个时候我们还没体会到现实真正的残酷，所以能拥有最美好的理想，可以随心畅想未来。而事实上，只有经过痛苦，经历过风雨的人才懂得真正的美好。

◎ 人生中的事故你也有责任

你生命中的疼痛，有可能是别人给你的，但大部分还是你自己造成的，就算是别人给你的疼痛，可你为什么要接受它？所以，你也有责任。所以你必须为自己的人生事故负责，而不是逃逸或者把责任推给别人。

有一个人从外地回家，驾车行驶在高速公路上，他车子的前方不远处是一辆货车，车上堆满了重物。很不幸，那辆车捆绑货物的绳子没有拴牢，货物在行驶途中掉落下来，他紧急刹车，但距离太短，为时已晚，车祸瞬间发生了。

这个人因此截掉了双腿，只能在轮椅上度过余生，他充满了怨恨。这个人的老师希望帮他从痛苦中解脱出来，于是来访时问了他几个问题。

第一个问题："是谁选择开车上路的？"

"是我。"

"是谁选择在这个时间回家？"

"是我。"

"回家的路有那么多条，是谁选择走这条路？"

"是我。"

"高速公路上的车子这么多，是谁选择跟在这部车的后面？"

他低下头，默不作声，若有所思。

老师看了看他，继续说道："东西没绑好，掉落的几率很大，这是已存在的事实。但最后的结果是谁让它发生的呢？如果不是你选择在这个时间上路，不是你选择走这条路，不是你选择跟在这部车的后面，甚至没有保持足够的安全距离，那么即使东西掉下来，也没有人会受伤，不是吗？所以，你认为你究竟该不该负责任呢？"

老师的话如当头棒喝，深深敲击他的灵魂。是的，是他自己做的决定，又有什么理由一直深恨、抱怨别人呢？

他想通了，决定扛起一切责任。而就在那一刻，所有的怨恨都不见了。他想，以前一直想写一些自己的人生感悟，可苦于奔波，无暇下笔，现在不正好有时间了么？他振作精神，用心撰写，竟然一鸣惊人——他的第一本书就很畅销。现在，他已经是一家文化公司的老总了。

　　你人生中的挫折与失败，也有你自己的责任，所以不要一味埋怨、抱怨，对别人的"过错"纠缠不休。多从自身找原因，才是对自己的人生负责，你只有对自己的人生负起责任，才能保护好自己以及自己想要保护的人。

◎ 生命里的伤痕让人生更入味

　　生命中的磨难，其实比一帆风顺更有价值。因为"成功的滋味都差不多，但失败的滋味却有千百种。所以成功不能让人成长，失败才能让人成长"。这就好比茶叶蛋，外表完整光洁的茶叶蛋看着好看，但剥掉蛋壳就会发现里面其实一片惨白，尝起来没什么味道；表面龟裂的茶叶蛋色相不好，甚至看上去有点凄惨，但剥开蛋壳就会知道里面色泽美丽，吃起来回味无穷。

　　苦难，也许给了我们一身伤痕，但它同时也让我们更入味。成长就是这样，痛并快乐着。你得接受这个世界带给你的所有伤害，然后无所畏惧地长大。

英国劳埃德保险公司曾从拍卖市场买下一艘船，这艘船1894年下水，在大西洋上曾138次遭遇冰山，116次触礁，13次起火，207次被风暴扭断桅杆，然而它从没有沉没过。

劳埃德保险公司基于它传奇的经历及在保费方面带来的可观收益，最后决定把它从荷兰买回来捐给国家。现在这艘船就停泊在英国萨伦港的国家船舶博物馆里。

不过，让这艘船名扬天下的却是一名来此观光的律师。当时，他刚打输了一场官司，委托人也于不久前自杀了。尽管这不是他的第一次失败辩护，也不是他遇到的第一例委托人自杀事件，然而，每当遇到这样的事情，他总有一种负罪感。他不知该怎样安慰这些在生意场上遭受了不幸的人。

当他在萨伦船舶博物馆看到这艘船时，忽然有一种想法，为什么不让他们来参观参观这艘船呢？于是，他就把这艘船的历史抄下来和这艘船的照片一起挂在他的律师事务所里，每当商界的委托人请他辩护，无论输赢，他都建议他们去看看这艘船，从而让他们明白：在大海上航行的船没有不带伤的。

人生的路途就是这个样子，颠簸在所难免，抱怨没有用，逃避不可能，现实的人生还需要现实的方法去处理。我们应该相信自己拥有无限的潜能，并永远将精力放在探索内在的自我和开发自己无限的潜能上头，而不是去抱怨环境或抱怨无法改变的客观世界，只有这样你才能成功。

◎ 如果你受苦了，请感谢它

如果你受苦了，感谢生活，那是它给你的一份感觉；如果你受苦了，感谢上帝，说明你还活着。人们的灾祸往往成为他们的学问。

有位朋友前去友人家做客，才知道友人3岁的儿子因患有先天性心脏病，最近动过一次手术，胸前留下一道深长的伤疤。

友人告诉他，孩子有天换衣服，从镜中看见疤痕，竟嚎啕大哭。

"我身上的伤疤这么长！我永远不会好了。"她转述孩子的话。

孩子的敏感、早熟令他惊讶；友人的反应则更让他动容。

友人心酸之余，解开自己的衣服，露出当年剖腹产留下的刀疤给孩子看。

"你看，妈妈身上也有一道这么长的伤疤。

"因为以前你还在妈妈肚子里的时候生病了，没有力气出来，幸好医生把妈妈的肚子切开，把你救了出来，不然你就会死在妈妈的肚子里面。妈妈一辈子都感谢这道伤疤呢！

"同样地，你也要谢谢自己的伤疤，不然你的小心脏也会死掉，那样就见不到妈妈了。"

感谢伤疤！——这四个字如钟鼓声直撞心头，那位朋友不由低下头，检视自己的伤疤。

它不在身上，而在心中。

那时候，这位朋友工作屡遭挫折，加上在外独居，生活寂寞无依，更加重了情绪的沮丧、消沉，但生性自傲的他不愿示弱，便企图用光鲜的外表、悍强的言语加以抵御。隐忍内伤的结果，终至溃烂、化脓，直至发觉自己已经开始依赖酒精来逃避现状，为了不致一败涂地，才决定告别这颓败的生活，辞职搬回父母家。

如今伤势虽未再恶化，但这次失败的经历却像一道丑陋的疤痕，刻划在胸口。认输、撤退的感觉日复一日强烈，自责最后演变为自卑，使他彻底怀疑自己的能力。

好长一段时间，他蛰居家中，对未来裹足不前，迟迟不敢起步出发。

朋友让他懂得从另一方面来看待这道伤疤：庆幸自己还有勇气承认失败，重新来过，并且把它当成时时警惕自己，匡正以往浮夸、矫饰作风的记号。

他觉得，自己要感谢朋友，更要感谢伤疤！

我们应该佩服那位妈妈的睿智与豁达，其实她给儿子灌输的人生态度，于我们而言又何尝不是一种启示？人生本就是这样——它有时风雨有时晴，有时平川坦途，有时也会撞上没有桥的河岸。苦难与烦恼，亦如三伏天的雷雨，往往不期而至，突然飘过来就将我们的生活淋湿，你躲都无处可躲。就这样，我们被淋湿在没有桥的岸边，被淋湿在挫折的岸边、苦难的岸边，四周是无尽的黑暗，没有灯火、没有明月，甚至你都感受不到生物的气息。于是，我们之中很多人陷入了深深的恐惧，以为自己进入了人间炼狱，唯唯诺诺不敢动弹。这样的人，或许一辈子都要留在没有桥的岸边，或者是退回到起步的原点，也许他们自己都觉得自己很没有出息。然而，人活着，总不能流血就喊痛，怕黑就开灯，想念就联系，疲惫就放空，被孤立就讨好，脆弱就想家，人，总不能被黑暗所吓倒，终究还是要长大，最漆黑的那段路终是要自己走完。

◎ 是挫折让生命走向了成熟

每一个优秀的人，都有一段沉默的时光。那一段时光，付出了多少努力，忍受了多少孤寂，可不曾抱怨、不曾诉苦，个中心酸只有他们自己知道，可当日后说起时，他们自己都会为之感动。

成长的过程，必然要伴随着一些阵痛，这是高大和健壮的前奏，在这个过程中，或者经历过一些挫折或者百转千回又或者惊心动魄，最终总会让你明白：事实上，所有的锻炼不过是再次呈现我们还没学会的功课。所以说我们要学着与痛苦共舞，这样我们才能看清造成痛苦来源的本质，明白内在真相。更重要的是，它能让我们学到该学的功课。

杨帆高中毕业以后，就开始了人生的闯荡。初到广州，不但没看到想象中的"遍地黄金"，连广州的商场还没逛一逛，就被老乡接到了简陋的皮鞋厂上班。但杨帆这个人手不巧，做活儿不达标，老板对他非常不满意。一个月后，在老乡的抱怨声中，他拿着500块薪水离开了皮鞋厂。这次失败经历，让他学会了接受抱怨。

没有了工作，房租和生活费的压力逼得他在街头乱转。他看到一家皮包厂在招工，于是恳求老板留下自己。可是，笨手笨脚的他干了半个月就又被炒了鱿鱼。老板给了他300块工钱，他诚挚地道了声"谢谢！"老板问他："我炒了你，你怎么还谢我？"他说："在我走投无路的时候您收留了我，所以我应该感谢您。"第二次挫折，让他学会了感恩。

几天以后，捉襟见肘的他来到工地干起了苦力。他觉得自己挺强壮的，完全可以靠力气养活自己，但事实上，来到工地的第一天他就清楚地认识到，自己的体力跟工地上的工人比起来，简直就是小巫见大巫。但他还是咬着牙坚持了半个月，半个月后，因为效率太低，他又被工头请了出去。这次失败经历，让他学会了吃苦。

这次以后，他拿着自己干苦力挣来的2000元钱开始批发蔬菜零卖。因为他已经能吃苦、能忍气并学会了感恩，做事老练，人缘也好，所以生意慢慢就好起来了。一年以后，他租了间门店搞起了蔬菜批发。又过了三年，他已经攒下了一笔足够回乡创业的资金。同时，三年的市场历练，也让他对市场有了较强的洞察力。

如今，杨帆在家乡经营的生鲜连锁超市红红火火。有人向他讨教经验，他说："经历挫折，在挫折中学会宽容、学会吃苦、学会观察与思考，就会走向人生的成熟。"

所以感谢给你苦难的一切吧，感激我们的失去与获得，学会理智，学会释怀，不要消沉于痛苦之中不能自拔，更不能让你爱的人和爱你的人为你担心，因你痛苦。痛苦不过是成长中必然经历的一个过程，如果你没有走出痛苦，那是因为你还没有成熟。

◎ 最好的成绩往往出于最苦的环境

痛苦看起来有点像贝壳里的沙子，虽然会搅得人钻心的难过，但同时却可以磨砺出绚丽夺目的珍珠。

贝壳要用一生的时间，才能将沙粒转化成一粒并不规则的珍珠；雨后的彩虹绽放刹那的美丽，却要积聚无数的水汽。如果把这些都看成是一次又一次的挫折，那么正是这些挫折，成就了光彩夺目的珍珠和美丽耀眼的彩虹。

在古巴首都大哈瓦那，一个7岁男孩每天跑去给在矿上做工的父亲送饭，早、中、晚各一次，每次需要30分钟左右时间，风雨无阻。

在他所经的路途中，有一个田径场，那是古巴简易的国家训练中心，那里有许多和他一样大的孩子在参加训练，他们的目标是参加国家大型运动会、美洲运动会，甚至奥运会。

他也希望和那些孩子一样，得到这种可以为自己争光的机会，但他家里实在太穷，他上不起学，只能利用每天送饭的空当儿趴在墙头看那些孩子训练。为了躲避保卫人员那带有轻蔑的目光，他找了一个墙里面种有苹果树的地方，果树可以遮挡他瘦小的身影。

每次从田径场回到家中，他都带着哭腔央求母亲，希望母亲可以让他去上学，这样他就可以和那些孩子一样训练了，他喜欢体育运动，他想成为体育明星。母亲难过地对他说："孩子，你爸爸每天拼命地工作，挣的钱也只够我们一家人吃饱饭而已，我们没钱送你去学校。如果你想训练，那就跑步吧，你可以每天计算自己送饭的时间，如果你每天都能比前一天用的时间更短，你就会成功的。"

这个孩子照着母亲的话去做了，努力奔跑着，只是每每路过田径场，他总会不由自主地停下来，趴在墙头的老位置上张望，直至送饭的时间快要到了，才依依不舍地离开。

那些苹果树的枝条有一些探到了外面，但墙外的苹果总是还没成熟就被路人摘得精光，而那些墙内的苹果红得诱人，娇艳欲滴。

那一天，他意外发现墙外有一个苹果竟然没人采摘，也许，是因为它长得太丑了吧。他摘下来咬了一口，感觉格外香甜。于是，他想办法跳到了墙内，摘了几个漂亮诱人的苹果，准备让母亲也品尝一下。

母亲非常感动地接过苹果，放在嘴边咬了一口，微微皱了下眉头。小男孩觉察出了异样，忙问："怎么了妈妈？不好吃吗？我吃了一个丑苹果，但很好吃呀！"母亲回答说："挺好吃的。"

晚上，他好奇地拿起那些苹果中的一个咬了一口，顿时感到酸涩难耐。这是怎么回事？难道墙外的苹果比墙内的甜吗？他想妈妈应该知道是怎么回事。

母亲语重心长地解释："墙外就是马路，灰尘多，没有遮挡，经历的风霜雨雪也多，所以墙外的苹果学会了坚忍不拔，才更加香甜。"

他似乎从母亲的话里感悟到了什么。

从那天起，他不再留恋墙内的风景，每日坚持跑步，一直坚持着。

这个孩子叫罗伯斯，2008年6月12日，在捷克田径大奖赛的男子110米栏比赛中跑出12秒87的好成绩，打破中国选手刘翔保持的12秒88的世界纪录。2008年7月19日，罗伯斯跑出了12秒88的前世界纪录成绩，成为了该项目第一位亦是正常风速下唯一能两次跑进12秒90大关的选手，充分证明了他是世界第一的地位。

苦过了，才会懂得甜美的真谛。人们最好的成绩往往是身处逆境时做出的。思想上的压力，甚至肉体上的痛苦都可能成为精神上的兴奋剂。在那些曾经受过折磨和苦难的地方，最能长出思想之花来。

◎ 让你受苦的人，是在逼迫你成长

惧怕孤独的人，容易在依附中丧失自我，独立的人虽然可能会孤独，但却能够活出生命的真意。

依附是将自我彻底埋没，在经营人生的过程中，它是一场削价行为。生命之本在于自立自强，人格独立方能使生命之树常青。依附他人而活，就算一时能博得个锦衣玉食，也不会长久安枕无忧，一旦这个宿主倒下，你的人生就会随之轰然倒塌。

依附对于某些人来说是一种生活的无奈，对于某些人来说是一种"好风凭借力，送我上青云"的所谓捷径，但无论如何，你要有自己站着的能力，否则就算有人真的愿意将你推向高峰，你也不可能在那挺立下去。在这个充满竞争的时代中，我们应该更多地充实自己，磨砺自己。所以，不要一直幻想着依附他人，自己才是一切问题的关键，在时间无情的流逝里，我们所能保留、能永恒的莫过于自己。

17岁那年，父母很认真、很正式地找他谈了一次话。他们说："明年，你就18岁了，是真正意义上的成年人了。一个成年人必须独立。以后你有了工作，挣了钱，不需要给我们，我们不需要你养活，但你必须养活自己。"这一番话，一直深刻在他的脑海之中，时刻不敢忘记。

上了大学以后，他开始勤工俭学，自给自足，真的没有再向家里要过一分钱。那个时候，他懂得了生活的不易，也认清了自己的能力。

他的第一份勤工助学工作是清扫楼道，这是宿管阿姨介绍给他的。每天，5点左右他便起床洗漱，然后开始接近一个小时的工作，当他第一次拿到300元的报酬时，他简直是欣喜若狂，钱虽不多，但毕竟是凭自己双手挣来的。

到了大一的第二学期，他的生活更加忙碌了，为了凭自己的能力攒足学费，他又向学校申请去牛奶部送牛奶。每天天还没亮，他就悄悄起床，赶在大家起床之前，将还带着温度的牛奶送到同学们手中。然后，他再去清扫楼道。

周末的时候，他要去做兼职家教，有时甚至要跑到离学校几十公里外的小镇上去。为了对别人的孩子负责，他非常认真和投入，也赢得了众多家长的好评和肯定。

自己辛辛苦苦赚来的钱，主要是为了支付学费，用在吃饭上，他就觉得有点舍不得了。于是，他又跑到食堂，向负责人求情，希望能在这里打一份工，而报酬就是免费的一日三餐。打这以后，他又像个家庭主妇一样，每次开饭，围上围裙，手拿铁盆，细心地收拾餐具，擦干净桌椅。一开始，他还有点难为情，总是千方百计躲避熟人，但慢慢地也就习惯了。

3年多的时间，他硬是靠着扫楼道、送牛奶、食堂打杂、做家教以及奖学金，以优异的成绩完成了学业，并被学校评为"励志之星"，即将毕业的时候，有多家大公司主动来到学校抢他。如今，他已经在一家大型企业当副总经理了。

在人生的关键阶段，那些"逼迫"我们成长、成熟的人，才是真正为我们的前途着想、真正爱护我们的人。如果他们不向我们发出让我们自食其力的"最后通牒"，那么复杂的社会早晚也会向我们发出更为严苛的"最后通牒"。道理很简单，没有人可以替你支撑一生，你的一生只能由自己负责，而且是负全责。

如果一个人能够尽早懂得独立的道理，就会形成一种无形的压力和紧迫感，并将之转化为一种动力，迫使自己不断地去学习、去进步，从而获得谋生的真本事。虽然这个过程可能有点痛苦，有点孤独，但却是成长的必要。

◎ 正是那些批评，加速了我们的成长

　　批评的话的确没有赞美的声音顺耳，却能让人时刻警醒自己。倘若当年没有魏徵的直谏，或许大唐盛世就不会那么早来临。可纵然心胸宽阔如唐太宗，亦曾扬言要杀魏徵，可见接受批评真的不是件容易的事。

　　可是，如果没有那些批评的声音，如果不论做什么别人都奉承你是"对的"，骄纵自满必然油然而生，人生的高度便不会再得到提升。所以，感谢批评你的人吧！正是因为有了批评的声音，人生路上我们才走得更稳健；我们才懂得取舍、学会理智、学会包容，也更加珍惜赞美。感谢所有批评你的人吧！因为他们指出了你的缺点和不足，因为他宁可伤你一时，不愿害你一生。

　　李婉大学毕业后，被分配到一个离家较远的公司上班。每天早上7时，公司的专车会准时等候在一个地方接送她和她的同事们。

　　一个寒冷的清晨，闹钟尖锐的铃声骤然响起，李婉伸手关了吵人的闹钟，转了个身又稍微赖了一会儿暖被窝。后来当她匆忙奔到专车等候的地点时，已经是7点5分，班车开走了。站在空荡荡的马路边，她茫然若失，无助和受挫的感觉第一次向

她袭来。

就在她懊悔沮丧的时候，突然看到了公司的那辆蓝色轿车停在不远处的一幢大楼前。她想起了曾有同事指给她看过那是上司的车，她想真是天无绝人之路。她向那车走去，在稍稍犹豫后打开车门悄悄地坐了进去，并为自己的聪明而得意。

为上司开车的是一位慈祥温和的老司机。他从反光镜里已看她多时了，这时，他转过头来对她说："你不应该坐这车。"

"可是班车已经开走了，不过我的运气真好。"她如释重负地说。

这时，她的上司拿着公文包飞快地走来。待上司在前面的位置上坐定后，她才告诉他说："对不起，班车开走了，我想搭您的车子。"她以为这一切合情合理，因此说话的语气充满了轻松随意。

上司愣了一下，但很快坚决地说："不行，你没有资格坐这车。"然后用无可辩驳的语气命令："请你下去！"

她一下子愣住了——这不仅是因为从小到大还没有谁对她这样严厉过，还因为在这之前她没有想过坐这车是需要一种身份的。就凭这两条，以她过去的个性定会重重地关上车门以显示她对小车的不屑一顾，而后拂袖而去。可是那一刻，她想起了迟到将对她意味着什么，而她那时非常看重这份工作。

于是，她变得从来没有过的软弱，她用近乎乞求的语气对上司说："我会迟到的。"

"迟到是你自己的事。"上司冷淡的语气没有一丝一毫的回旋余地。

她把求助的目光投向司机,可是老司机看着前方一言不发。委屈的泪水蓄满了她的眼眶,她强忍住不让它们流出来。

车内一下子陷入了沉默,她在绝望之余为他们的不近人情而伤心。他们在车上僵持了一会儿。最后,让她没有想到的是,她的上司打开车门走了出去。坐在车后座的她,目瞪口呆地看着有些年迈的上司拿着公文包,在凛冽的寒风中挥手拦下一辆出租车,飞驰而去。泪水终于顺着她的脸颊流淌下来。

老司机轻轻地叹了一口气:"他就是这样一个严格的人。时间长了,你就会了解他了。他其实也是为你好。"

老司机给她说了自己的故事。他说他也迟到过,那还是在公司创业阶段,"那天他一分钟也没有等我,也不要听我的解释。从那以后,我再也没有迟到过。"

李婉默默地记下了老司机的话,悄悄地拭去泪水,下了车。那天她走出出租车踏进公司大门的时候,上班的钟点正好敲响。

从这一天开始,她长大了许多。

仔细想想,能让你长久记住的,恰恰是那些真正批评过你的人,因为他们是真心地对你好,真心地想帮助你。所以,当别人批评你时,你应该为此而高兴,因为他无偿告诉了你现在正处于什么样的位置,你应该怎么做才能更好,对于这样一个收获,你难道不应该向批评你的人表示感谢吗?

◎ 从远处看，人生的折磨还很有诗意呢

每一种折磨或挫折，都隐藏着让人成功的能量。那些折磨过我们的人和事，往往正是人生中最受用的经历。

生命是一个不断蜕变的过程，有了折磨它才能进步，才能得到升华。对于别人的折磨，我们应以一颗积极的心去看待，感谢他们，感谢他们的折磨，他们是你生命中不断进步的动力，是提升你个人魅力的最佳拍档。

当年，莎士比亚曾在斯特拉福德镇做剪毛工维持生活。不过，虽然他有一双能写的手，但剪羊毛的技术却让人不敢恭维，因此他常常受到老板的责骂。距离斯特拉福德镇不远处，耸立着一座贵族别墅，它的主人是托马斯·路希爵士。有一天，年轻冒失的莎士比亚与镇上一些闲散人员带着枪偷偷溜进了爵士的花园，并在那里打死了一头鹿。很不幸，莎士比亚被抓了个现行，被关在管家的房中整整囚禁了一夜。这一夜里，莎士比亚可谓是饱受侮辱，他恢复自由以后做的第一件事，便是写了一首尖酸刻薄的讽刺诗贴在花园的大门上。这一举动让爵士大发雷霆，声称要通过法律形式，严惩那个写诗骂人的偷鹿贼。这种情况下，莎士比亚在家乡根本就待不下去了，他只好前往伦敦另谋生计。就

像作家华盛顿·欧文所说的那样——"从此斯特拉福德镇失去了一个手艺不高的剪毛工,而全世界却获得了一位不朽的诗人。"

如果没有爵士的折磨,莎士比亚可能会一直在家乡做那个手艺不高又懒散的剪毛工人,这种悠闲的生活很可能一直继续下去。但当人生受到侮辱与威胁之时,莎士比亚被迫做出了新的选择,而正是这一选择成就了他璀璨的人生。换而言之,正是爵士的折磨成就了莎士比亚的人生,我们甚至可以说,爵士还是莎士比亚生命中的一个贵人呢!

人,若是惧怕痛苦,惧怕折磨,惧怕不测的事情,那么他的人生中就只剩下"逃避"二字。别让"逃避"成为你的代名词,如果你想成功,便要学会如何对待"折磨"。你只有感谢曾经折磨过自己的人或事,才能体会出那实际上短暂而有风险的生命意义;你只有懂得宽容自己不可能宽容的人,才能看见自己心中的远阔,才能重新认识自己。

所以,当有人折磨你时,不妨想想罗曼·罗兰的那句话——"从远处看,人生的不幸折磨还很有诗意呢!"是的,这个时代,众多竞争对手使我们立于没有硝烟的战场之中,也许我们无法选择,也许这场战争使我们饱受折磨,但是——我们完全可以把它当成充满诗意的鞭策,就让别人来驱散我们的惰性,逼着我们不断向前。假如大家能够具备这种心态,那我们大抵就可以做事了。

三、挣脱孤独的束缚，享受独处的静好

这是一个孤独流行的时代，每天都有无数人在孤独中迷茫、痛苦。孤独，有时它很好，有时它很坏。被孤独情绪缠住的人，往往黯然神伤；接受精神孤独洗涤的人，内心自有一份宁静。

◎ 病态的孤独，会把人的一生锁住

一辈子那么长，总免不了孤单时刻，孤单不可怕，可怕的是孤独。

如果记忆不是那么好，人是不是不会明白什么叫孤独？往往经历了以后，才会发现在自己的记忆里，有多少是孤寂的，有多少是幸福的。

孤独是人生的一种痛苦，内心的孤寂远比形式上的孤单更为可怕。沉浸在孤独中的人离群索居，将自己的内心紧闭，拒绝温暖、自怜自艾，甚至有些人因此而导致性格扭曲，精神异常。如果不能忘记孤独，人生只有痛苦。

迈克尔·杰克逊走了，众所周知，这位世界级偶像的人生并不快乐，他不止一次说过："我是人世间最孤独的人。"

他说："我根本没有童年。没有圣诞节，没有生日。那不是一个正常的童年，没有童年应有的快乐！"

他5岁那年，父亲将他和4个哥哥组成"杰克逊五兄弟"乐团。他的童年，"从早到晚就是不停地排练、排练，没完没了"；在人们尽情娱乐的周末，他四处奔波，直到星期一的凌晨四五点，才可以回家睡觉。

童年的杰克逊，努力想得到父亲的认可，他"8岁成名，10岁出唱片，12岁成为美国历史上最年轻的冠军歌曲歌手"，但却仍得不到父亲的赞许，仍是时常遭到打骂。

《心理学》说：12岁前的孩子，价值观、判断能力尚未建立，或正在完善中，父母的话就是权威。当他们不能达到父母过高的期望而被否定、责怪时，他们即便再有委屈，但内心深处仍然坚信父母是正确的。杰克逊长大后的"强迫行为、自卑心理"等，当和父亲的否定评价有关。

父亲还时常嘲笑他："天哪，这鼻子真大，这可不是从我这里遗传到的！"杰克逊说，这些评价让他非常难堪，"想把自己藏起来，恨不得死掉算了。可我还得继续上台，接受别人的打量"。

其后，迈克尔·杰克逊的"自我伤害"，多次忍受巨大痛苦整容，当和童年的这段经历有关。

杰克逊在《童年》中唱道："人们认为我做着古怪的表演，只因我总显出孩子般的一面……我仅仅是在尝试弥补从未享受过的童年。"

杰克逊说："我从来没有真正幸福过，只有演出时，才有一种接近满足的感觉。"

曾任杰克逊舞蹈指导的文斯·帕特森说："他对人群有一种畏惧感。"

在家中，杰克逊时常向他崇拜的"戴安娜（人体模特）"倾诉自己的胆怯感，以及应付媒体时的慌恐与无奈。

他和猫王的女儿莉莎结婚，当时轰动了整个世界，但两人的婚姻生活并不幸福，莉莎说："对很多事我都感到无能为力……感觉到我变成了一部机器。"1996年他又与黛比结成连理，但幸福的日子持续得也并不长，1999年两人离婚；之后，他又与布兰妮交往甚密，但布兰妮却一直强调：我们只是好朋友。

杰克逊直言不讳地承认："没有人能够体会到我的内心世界。总有不少的女孩试图这样做，想把我从房屋的孤寂中拯救出来，或者同我一道品尝这份孤独。我却不愿意寄希望于任何人，因为我深信我是人世间最孤独的人。"

感到孤独的人很多，又或者说，每个人或多或少都有些孤独感，然而，千万不要让孤独成为一种常态，因为，这会令你找不到通向幸福的路。实际上，孤独的人，只要放下过去的包袱，敞开心门接纳这个世界，就可以找到人生的伙伴，找到爱情与友谊。

其实，没有人会为你设限，人生真正的劲敌，就是你自己。别人不会对你封锁沟通的桥梁，可是，如果自我封闭，又如何能得到别人的友爱和关怀。走出自己狭小的空间，敞开你的心门，用真心去面对身边的每一个人，收获友情和爱情的同时，你眼中的世界会更加美好。

◎ 没人拒绝你，是你自卑地拒绝了一切

有自卑情结的人可能会很胆小，由于要避免可能使他感到难堪的一切，他就什么也不做；由于害怕别人认为自己无知，就忍住不去征求别人的意见；由于担心受到拒绝，就不敢去找份好工作。由于压抑，自卑的人会变得更加敏感。日益敏感，再加上日益怯懦，精神状态就日益低落。一个有自卑情结的人不能长时间把精力集中在任何事物上，只能集中在他本人身上，因而常常不能实现自己的愿望。

格格家里的条件不好，虽然生在大都市，但却几乎未领略过

大都市的繁华。

复读了两年以后，格格终于考上了一所不错的大学，现在已经 25 岁，刚刚大学毕业，有了一份还算不错的工作，但是 25 岁的她还没有交过一个男朋友。

格格觉得自己长得不够漂亮，也很在意糟糕的家庭环境，但是在日常生活中，她并未将这些表现出来。

格格在同事面前显得骄傲和霸道，虽然与大家相处得还算不错，但只有她自己知道这种骄傲和霸道是多么的不堪一击。

在对待异性方面，格格有过失败经历。常常是她刚刚对人好一点，对方就表明态度——只能做朋友。几次以后，格格开始排斥异性，她甚至开始不善于与异性交谈、相处了。不过，看着身边的人都成双入对，她又忍不住心生忌妒。

格格似乎很着急把自己嫁出去一样，这种着急近乎盲目。每每遇到想和她做朋友的男士，她就会开始以为能和对方有点什么，并且不由自主地喜欢，而当其得知对方并没有这层意思，是她自己多想了的时候，原先的喜爱就会变成一种怨恨：

"原来他在耍我！"

"这个男人不是什么好东西！"

"我还不稀罕与这样的人交往呢！"

从此形同陌路，老死不相往来，苦大仇深一般。但要知道，对方原本就只是想与她做好朋友而已。

从格格的行为来看，她骨子里是自卑的，而且这种自卑已经到了病态的程度。通常，每个人或多或少都会产生些自卑情愫，但是甚微，几乎不能影响到你的生活。可如果让自卑控制了你，那么你在自我形象的评价上会毫不怜悯地贬损自己，不敢伸张自己的欲望，不敢在别人面前申诉自己的观点，不敢向别人表白自己的爱情，行为上不敢挥洒自己，总是显得拘谨畏缩。另一方面，对外界、对他人，尤其是对陌生环境与生人，心存一种畏惧。出于一种本能的自我保护，便会与自己畏惧的东西隔离和疏远，这样便将自己囚禁在一个孤独的城堡之中了。

不能走出生存困境的人，很多都是由于对自己信心不足，他们就像一棵脆弱的小草，毫无信心去经历风雨，这就是一种可怕的自卑心理。

自卑心理都是自己给自己的，所以自卑心理也完全可以通过努力来克服。心理学家阿德勒认为，每个人都有先天的生理或心理欠缺，这就决定了每个人的潜意识中都有自卑感存在。但处理得好，会使我们超越与克服自卑去寻求优越感，而处理不好就将演化成各种各样的心理障碍或心理疾病！

◎ 自我封闭的心灵，只能是一片死寂

王媛媛的丈夫两年前不幸去世，她悲痛欲绝，自那以后，她便陷入了孤独与痛苦之中。"我该做些什么呢？"在丈夫离开她一个月后的一天，她向医生求助，"我将住到何处？我还有幸福的日子吗？"

医生说："你的焦虑是因为自己身处不幸的遭遇之中，30多岁便失去了自己生活的伴侣，自然令人悲痛异常。但时间一久，这些伤痛和忧虑便会慢慢减缓消失，你也会开始新的生活——走出痛苦的阴影，建立起自己新的幸福。"

"不！"她绝望地说道，"我不相信自己还会有什么幸福的生活。我已不再年轻，身边还有一个7岁的孩子。我还有什么地方可去呢？"她变得郁郁寡欢，脾气暴躁，打这以后，她的脸一直紧绷绷的。没有人能够真正走进她的内心，她的世界。

人在不开心时偶尔给自己一个独处的空间无可非议，但如果将这种行为长久延续下去，就是一种心理障碍了。事实上，现代都市人已经越来越习惯将自己封闭了。不知从何时起，人们开始对外面发生的事情心怀恐惧，不愿意与别人沟通，不愿意了解外面的事情，将自己的心紧紧地封存起来，生怕受到一点伤害。

自闭性格的人经常会感到孤独。有些人在生活中犯过一些"小错误"，由于道德观念太强烈，导致自责自贬，看不起自己，甚至讨厌、摒弃自己，总觉得别人在责怪自己，于是深居简出、与世隔绝；也有些人非常注重个人形象的好坏，总觉得自己长得丑，这种自我暗示，使得他们十分注意他人的评价及目光，最后干脆拒绝与人来往；有些人由于幼年时期受到过多的保护或管制，内心比较脆弱，自信心也很低，只要有人一说点什么，就乱对号入座，心里紧张起来。

　　一个封闭自己的人，他的心永远找不到属于自己的快乐和幸福，尽管那一切美好的东西尽在眼前，但是如果不打开那道封闭的门走出去，那么将什么也得不到。人生是短暂的，我们需要三五知己，需要去尝试人生的悲欢离合，这样的人生才称得上完整。我们没必要在自我恐惧中挣扎，更没必要过于小心翼翼地活着，想去做什么就去做，想说什么就说，这样心情才会愉悦起来，生活才不至于因为自闭变得单调而失去意义。

　　自闭性格是心灵的一把锁，是对自己融入群体的所有机会的封闭，自闭性格不仅会毁掉自己的一生，也会让周围的朋友、亲人一起忧伤。总而言之，自闭性格会葬送人们一生的幸福。所以，我们应该勇敢地从自闭的阴霾中走出来，去享受外面的新鲜空气，外面的明媚阳光，在这个生活节奏不断加快的当代社会中，我们一定要走出自闭性格的牢笼，走入群体的海洋。只有这样才能找到真正属于自己的那份自信、幸福和快乐。

自闭性格总是给我们的生活和人生带来无法摆脱的沉重的阴影，让我们关闭自己情感的大门。没有交流和沟通的心灵只能是一片死寂，所以一定要打开自己的心门，并且从现在开始。

其实，只要你愿意打开窗，就会看到外面的风景是多么绚烂；只要你愿意敞开心扉，就会看到身边的朋友和亲人是多么友善。人生是如此美好，怎能在自我封闭中自寻烦恼？我们活着，永远要追寻太阳升起时的第一缕阳光。当我们真正卸掉了自闭这道心灵的枷锁，当我们用愉悦的心情迎接美好的未来，你就会发现一个不一样的世界，一个处处充满友善和温暖的环境。

◎ 你感觉自己被抛弃了，可是并没有

她把自己当成一个折翼天使，她的网名就叫"折翼青鸟"。她从小就住在大别墅里，很少像其他小朋友一样出去玩闹，每天的事情就是学弹琴，学芭蕾，学诗词，学习好多知识。可是她越学，越觉得孤单。每天与孤月相伴，只有星星听她的诉说。

她很小的时候，父母就离异了，她跟着妈妈，感觉像被爸爸抛弃了一样。10岁那年，母亲不幸因病去世，她觉得被整个世界抛弃了。她和姥姥一起生活，虽然姥姥对她非常好，可她还是总有一种寄人篱下的感觉，她觉得现在能保护自己的，只有自

己了，她不敢过多接触外面的世界，她觉得那里有太多未知的危险。她觉得自己把自己保护得很好，可是，她觉得自己越来越孤独。

转眼她成了一个亭亭玉立的大姑娘了，有很多人喜欢她，可是她冷得像冰山一样，拒绝所有人的接近，她觉得他们一定会伤害自己。她从来不用别人的帮助，看似非常独立，可内心却异常脆弱。她经常一个人落寞地看夕阳，看月亮，美丽的眼睛，迷茫的眼神，她的心已经飘向了她所向往的另一个世界。

很多时候，很多人都会产生一种被抛弃的错觉，因而感到孤单，感到无奈，感到无助，感觉阳光骤然间失去了往昔的温暖，感觉乌云在不断蔓延，感到天地间一片昏暗……恍惚间，仿佛一切将离自己远去，于是独自蜷缩在黑暗的角落，品尝"寂寞梧桐深院锁清秋"的孤寂，任泪水在心中长流……然而，这一切或许只是因为我们太过悲观。

有时你觉得自己已然被生活、被这个世界抛弃，其实并没有，因为这个世界处处弥漫着温暖，这一切足以融化你冰封的心。

一个在孤儿院长大的男孩讲述了他的故事：

我自幼便失去了双亲。9岁时，我进了伦敦附近的一所孤儿院。这里与其说是孤儿院，不如说是监狱。白天，我们必须工作14小时，有时在花园，有时在厨房，有时在田野。日复一日，生活没有任何调剂，一年中仅有一个休息日，那就是圣诞节。在这一天，每个人还可以分到一个甜橘，以欢庆基督的降世。

这就是一切，没有香甜的食物，没有玩具，甚至连仅有的甜橘，也唯有一整年没犯错的孩子才能得到。

这圣诞节的甜橘就是我们一整年的盼望。

又是一个圣诞节，但圣诞节对我而言，简直就是世界末日。当其他孩子列队从院长面前走过，并分得一个甜橘时，我必须站在房间的一角看着。这就是对我在那年夏天，要从孤儿院逃走的处罚。

礼物分完以后，孩子们可以到院中玩耍；但我必须回到房间，并且整天都得躺在床上。我心里是那么悲哀，我感到无比羞愧，我吞声饮泣，觉得活着毫无意义！

这时，我听到房间有脚步声，一只手拉开了我的盖被。我抬头一看，一个名叫维立的小男孩站在我的床前，他右手拿着一个甜橘，向我递来。我疑惑不解——哪多出的一个甜橘呢？看看维立，再看看甜橘，我真的被搞糊涂了，这其中必定暗藏玄机。

突然，我了解了，这甜橘已经去了皮，当我再近些看时，便全明白了，我的泪水夺眶而出。我伸手去接，发现自己必须好好地捏紧，否则这甜橘就会一瓣瓣散落。

原来，有10个孩子在院中商量并最后决定——让我也能有一个甜橘过圣诞节。

就这样，他们每人剥下一瓣橘子，再小心组合成一个新的、好看的、圆圆的甜橘。这个甜橘是我一生中得到的最好的圣诞礼物，它让我领会到了真诚、可贵的友情。重点在于，那些同伴并不愿意让这个"坏孩子"受到惩罚。

有时候，你感觉全世界都抛弃了你，可并没有，它不会抛弃任何人，只是你，不愿接受这个世界。

◎ 敞开门，与这个世界温暖相拥

如果不想深陷孤独，那么就要走出自己狭小的空间，学着主动敞开心扉，多与人交流、沟通，多找一些事情来做，让自己有所寄托。当孤独离你而去，心灵也就更加丰盈、更加悠然。

索菲的丈夫因脑瘤去世后，她变得郁郁寡欢，脾气暴躁，以后的几年，她的脸一直紧绷绷的。

一天，索菲在小镇拥挤的路上开车，忽然发现一幢房子周围竖起一道新的栅栏。那房子已有一百多年的历史，外墙颜色变白，有很大的门廊，过去一直隐藏在路后面。如今马路扩展，街口竖起了红绿灯，小镇已颇有些城市的味道，只是这座漂亮房子前的大院已被蚕食得所剩无几了。

可泥地总是打扫得干干净净，上面绽开着鲜艳的花朵。一个系着围裙、身材瘦小的女人，经常会在那里，侍弄鲜花，修剪草坪。

第一辑　谁的青春不忧伤

　　索菲每次经过那房子，总要看看迅速竖立起来的栅栏。一位年老的木匠还搭建了一个玫瑰花阁架和一个凉亭，并漆成雪白色，与房子很相称。

　　一天她在路边停下车，长久地凝视着栅栏。木匠高超的手艺令她惊叹不已。她实在不忍离去，索性熄了火，走上前去，抚摸栅栏。它们还散发着油漆味。里面的那个女人正试图开动一台割草机。

　　"喂！"索菲一边喊，一边挥着手。

　　"嘿，亲爱的。"里面那个女人站起身，在围裙上擦了擦手。

　　"我在看你的栅栏。真是太美了。"

　　那位陌生的女子微笑道："来门廊上坐一会儿吧，我告诉你栅栏的故事。"

　　她们走上后门台阶，当栅栏门打开的那一刻，索菲欣喜万分，她终于来到这美丽房子的门廊，喝着冰茶，周围是不同寻常又赏心悦目的栅栏。"这栅栏其实不是为我设的。"那妇人直率地说道，"我独自一人生活，可有许多人来这里，他们喜欢看到真正漂亮的东西，有些人见到这栅栏后便向我挥手，几个像你这样的人甚至走进来，坐在门廊上跟我聊天。"

　　"可面前这条路加宽后，这儿发生了那么多变化，你难道不介意？"

　　"变化是生活中的一部分，也是铸造个性的因素，亲爱的。当你不喜欢的事情发生后，你面临两个选择：要么痛苦愤怒，要

- 057 -

么振奋前进。"当索菲起身离开时，那位女子说："任何时候都欢迎你来做客，请别把栅栏门关上，这样看上去很友善。"

索菲把门半掩住，然后启动车子。内心深处有种新的感受，但是没法用语言表达，只是感到，在她那颗愤怒之心的四周，一道坚硬的围墙轰然倒塌，取而代之的是整洁雪白的栅栏。她也打算把自家的栅栏门开着，对任何准备走近她的人表示出友善和欢迎。

没有人会为你设限，人生真正的劲敌，其实是你自己。别人不会对你们封锁沟通的桥梁，可是，如果你自我封闭，又如何能得到别人的友爱和关怀。走出自己的狭小的空间，敞开你的心门，用真心去面对身边的每一个人，收获友情的同时，你眼中的世界会更加美好。

所以说，一个孤独的人，若想克服孤寂，就必须远离自怜的阴影，勇敢走入充满光亮的人群里。我们要去认识人，去结交新的朋友。无论到什么地方，都要兴高采烈，把自己的欢乐尽量与别人分享。

◎ 有一种孤独，来源于你的优秀

人生在世，不可能事事顺心，追梦旅途中，孤独在所难免。如果我们面对挫折时能够虚怀若谷，大智若愚，保持一种恬淡平和的心境，便是彻悟人生的大度。正如马克思所言："一种美好的心情，比十服良药更能解除生理上的疲惫和痛楚。"在人生的跑道上，不要因为眼前的蝇头小利而沾沾自喜，应该将自己的目光放长远，只有取得了最后的胜利才是最成功的人生。

仙人球是一种很普通的植物，它的生长速度很慢，即使三四年过去了，仍然只有苹果大小，甚至看上去给人一种未老先衰的感觉。人们总喜欢将它放在阳台上不起眼的角落里。没多久，它开始被人忘记。然而，有一天它从阳台角落里突然就长出一支长喇叭状的花朵，花形优美高雅，色泽亮丽。这时，它的美才被人们发现。可以说，仙人球在经历了数年的默默无闻之后，才换来了一朝的绚烂绽放。

很多时候，我们的才能因为某种原因而未被领导及时发现，像仙人球一样被安置到了一个小小的角落里。这时，我们就要学会忍受孤独，抛开消极情绪，默默地积蓄力量，终有一天你会开出像仙人球一样令人惊叹的花。

小时候，他很孤独，因为没人陪他玩。他喜欢上画画，经常一个人在家涂鸦。稍大一点，他便用粉笔在灰墙上画小人、火车，还有房子。从上小学开始，他就感觉自己和别人不一样。"别人说，这个孩子清高。其实，我跟别人玩的时候，总觉得有两个我，一个在玩，一个在旁边冷静地看着。"他喜欢画画和看书，想着长大后做名画家。

高考完填志愿时，父母对他的艺术梦坚决反对。他不争，朝父母丢下一句：如果理工科能画画他就念。本来只是任性的推托，未曾想父母真找到了个可以画画的专业，叫"建筑系"。

建筑师是干吗的？当时别说他不知道，全中国也没几个人知道。建筑系在1977年恢复，他上南京工学院（东南大学）时是1981年，不只是建筑系，"文革"结束大学复课，社会正处于一个如饥似渴的青春期氛围。他说，当时的校长是钱锺书堂弟钱钟韩，曾在欧洲游学六七年，辗转四五个学校，没拿学位就回来了，钱钟韩曾对他说："别迷信老师，要自学。如果你用功连读三天书，会发现老师根本没备课，直接问几个问题就能让老师下不来台。"

于是到了大二，他开始翘课，常常泡在图书馆里看书，中西哲学、艺术论、历史人文……看得昏天黑地。回想起那个时候，他说："刚刚改革开放，大家都对外面的世界有着强烈的求知欲。"

毕业后，他进入浙江美院，本想做建筑教育一类的事情，但发现艺术界对建筑一无所知。为了混口饭吃，他在浙江美院下属的公司上班，二十七八岁结婚，生活静好。不过他总觉得不自由，另一个他又在那里观望着，目光冷冽。熬了几年，他终于选择辞职。

接下来的十年里，他周围的那些建筑师们都成了巨富，而他似乎与建筑设计绝缘了，过起了归隐生活，整天泡在工地上和工匠们一起从事体力劳动，在西湖边晃荡、喝茶、看书、访问朋友。

在孤独中，他没有放弃对建筑的思考。不鼓励拆迁、不愿意在老房子上"修旧如新"、不喜欢地标性建筑、几乎不做商业项目，在乡村快速城市化、建筑设计产业化的中国，他始终与潮流保持一定的距离，这使他备受争议，更让他独树一帜，也让他的另类成为伟大。

虽然对传统建筑的偏爱曾让他一度曲高和寡，但他坚守自己的理想。"我要一个人默默行走，看看能够走多远。"基于这种想法，过去八年，从五散房到宁波博物馆以及杭州南宋御街的改造，他都在"另类坚持"，"我的原则是改造后，建筑会对你微笑。"

他叫王澍，是中国美术学院建筑艺术学院院长。

2012年5月25日下午，普利兹克奖颁奖典礼在人民大会堂举行，王澍登上领奖台。这个分量等同于"诺贝尔"和"奥斯卡"的国际建筑奖项，第一次落在了中国人手中。

"我得谢谢那些年的孤独时光。"谈起成功的秘诀,王澍说,幼年时因为孤独,培养了画画的兴趣,以及对建筑的一种懵懂概念;毕业后因为孤独,能够静下心来思考,以后的很多设计灵感都来源于那个时期。

尽管有首歌这样唱道:"孤独的人是可耻的,生命像鲜花一样绽开,我们不能让自己枯萎。"但我们也不能忘记另外一句话:"真正优秀的人一定觉得自己是孤独的,他们也清醒地认识到自己的优秀来源于一份孤独。"

每一条河流都有属于自己的生命曲线,都会流淌出属于自己的生命轨迹。同样地,每一条河流都有自己的梦想,那就是奔向大海。我们的生命,有时就像泥沙,在不知不觉间像泥沙一样,沉淀下去,最终实现自己的积累。一旦你沉淀下去了,也许再也不需要努力前进了,但是你却失去了见到阳光的机会。所以,不管你现在处于什么状态,一定要有水的精神,不断积蓄力量,不断冲破障碍。若时机不到,可以逐步积累自己的厚度。当有一天你发现时机已经到来,你就能够奔腾入海,实现自己生命的价值。

◎ 若是阳春白雪，自然曲高和寡

偶尔与友人把盏，你的所言、所想大部分人都不爱听，于是你成了游离于人群之外的那类人，你感觉他们很肤浅，他们也对你很不满。你并非有意为之，别人却对你一笑置之。只有无奈地慨叹着"我被人忘记了，还是我忘记了人呢？"一种"我遗弃了人群而又感到被人群所遗弃的悲哀"流连心间。

其实，阳春白雪，曲高必和寡，不然这世间贤人怎会寥寥无几。古语有云："高处不胜寒。起舞弄清影，何似在人间。"阳春之曲岂是人人都可和之。他人不解未必是你的错。

魏晋嵇康，竹林七贤之一。他抚琴赴死，从此后《广陵散》便失之于世。嵇康的诗，很多都是气势极磅礴的。如《兄秀才公穆入军赠诗十九首》中的"双鸾匿景曜，戢翼太山崖。抗首漱朝露，晞阳振羽仪。长鸣戏云中，时下息兰池"等句，又如《四言诗》中的"羽化华岳，超游清霄。云盖习习，六龙飘飘。左配椒桂，右缀兰苕。凌阳赞路，王子奉辂。婉娈名山，真人是要。齐物养生，与道逍遥"等句，嵇康是在以一种大姿态俯瞰众生，这样的气魄之下，一个人最容易产生的就是"众人皆醉我独醒，众人皆浊我独清"、"曲高和寡"的孤独。

"习习谷风，吹我素琴。咬咬黄鸟，顾俦弄音。感悟驰情，思我所钦。心之忧矣，永啸长吟。"——一个孤独的形象，有素琴，却只能与清风抚；有清音，却只能与黄鸟鸣。非无人愿与之相伴，而是无人相知，无人相与和！——"虽有好音，谁与清歌？虽有姝颜，谁与华发？""结友集灵岳，弹琴登清歌。有能从此者，古人何足多？"——曲高和寡的背后是对知音者的向往。嵇康明白自己想要的，也知道他想要的并不那么容易得到。他自顾自地喝着、唱着，孤独着。

太傅钟繇之子颖川钟会慕嵇康之名，邀集当时的贤俊之士，拜访嵇康。嵇康"扬槌不辍"、"傍若无人"、"不交以言"，客观地说，非常傲慢无礼。

钟会面子上挂不住，终于选择离去。

这时，嵇康说出了中国史上最傲的一句话："何所闻而来？何所见而去？"与其说是询问，不如说是以一种"居高临下"的口气在质问。

嵇康孤，因为知己者寥寥；嵇康傲，因为在精神上有绝对的自由。或许在嵇康看来，钟会与自己根本不是一路人，像钟会这般汲汲于名利的人，又怎么会明白精神自由与超越的乐趣呢？

留下"闻所闻而来，见所见而去"的回答后，钟会悻悻然离去。

嵇康曲高和寡，能称之为知己者不过"竹林七贤"等寥寥数人而已。而在此之中，也只有陈留阮籍能与嵇康比肩而论。

一曲广陵赴乾坤，曲高和寡仍高歌。嵇康之凌厉不羁，旷逸傲岸，一生励志勤学，崇自然、尚养生，惊才通博，临终鼓琴神思仙念《广陵散》，一曲绝弦，葬了半生漂泊，闻者其谁，契者其谁？凄咽处，语凝噎，慨听弦断音亦绝。

众人皆入梦，唯我独向隅！究竟是我被人忘记了，还是我忘记了别人，都不重要，重要的是你的心在向往着什么。鸟中有大鹏，鱼中有大鲲。大鹏振翅起，扶摇直上九万里，那些篱笆间跳跃的家雀，又岂知大鹏眼中的天高地阔呢？鲲鱼晨由昆仑发，午达渤海湾，夜停孟诸湖，那些只会在水塘中穿梭的小鱼，又怎知大鲲心里的江阔海深呢？如嵇康者，他们美好的思想和行为都超出于一般人之上，那些寻常人又怎么可能理解他们的所作所为呢？

唯其可遇何需求？蹴而与之岂不羞？果有才华能出众，当仁不让莫低头！当所有的喧嚣都离你远去，只有你，独自沉浸在孤独中，冥想着、净化着，你又何须去在意究竟是谁忘记了谁？

◎ 没必要刻意去寻找一个知己

高适说："莫愁前路无知己，天下谁人不识君。"劝慰之词罢了，茫茫天下，识君者能有几人？俞伯牙"高山流水"，知音者唯钟子期。借问人间愁寂意，伯牙弦绝已无声。高山流水琴三弄，明月清风酒一樽。

　　知音自古难觅。古往今来，多少高山隐士、文人墨客、王侯将相，或独钓寒江，或登高长啸，或对月慢饮，或邀影成诗，喟叹："人生得一知己，足矣！"一个足矣，更是道出了无尽的遗憾与无奈。也正因如此，"高山流水"的佳话才会在世间经久流传。孤独是一种无奈的选择，因为没有找到合适的同行者。然而，叹便叹了，憾也憾了，却不必刻意去寻找一个知己。因为，生命的常态是孤独。

　　我们孤独而来，一无所有，有几人能与人结伴同来？我们孤独而去，独走黄泉，又有几人能与人相约结伴而去。然而我们又常说，自己害怕孤独。其实，我们害怕的是寂寞。

　　寂寞与孤独是很容易被人们混淆的概念，其实这是对生命的两种不同感受。孤独是沉醉在自己世界的一种独处，所以，孤独的人表现出来的是一种圆融的高贵。而寂寞是迫于无奈的虚无，是一种无所适从的可怜。

　　排解寂寞很容易，如今的社交网络如此发达，有太多的方法排解寂寞，一旦热闹起来，寂寞这种表象的、浅层次的心灵缺失也就解了。而孤独则不同，孤独是那种纵然你被众星捧月，依然会心中寥寥，甚至更为孤独的感受。欲语还休，难以言清。

　　于是，便有了"举杯邀明月，对影成三人"，便有了"驿外断桥边，寂寞开无主"，那是一种感叹于知己难寻的落寞。然而，心灵上能互懂的毕竟没有几人。即便终了一生，或可相遇，或者就是无缘。

所以，不必刻意去寻找，有些东西奢求不来。纵然是同枕共眠的夫妻，血浓于水的父子兄弟，在精神层次上也未必能够完美契合。至于朋友间的一言九鼎、肝胆相照，也只是情义上的深度，若说知己，恐怕未必。知己之难得，令人发指。人于茫茫尘世中，若能寻得一二在某一点上有共识，彼此赏识，相得益彰的朋友，已是人生一大幸事。

譬如你喜欢读书，得一有相同爱好的书友，彼此借阅，互论心得，诗清词雅，相互切磋，此人生一喜也。又如你爱那杯中之物，得一好此道者，酒量不相上下，酒品犹佳，空闲便在一起浅酌慢饮，高谈阔论，纵横天下，指点江山，岂不也是人生一幸事？又何必非求他知己知心？

其实每人都有孤独感，喧嚣中的人，内心可能是孤独的，这种孤独是与生俱来的，有人多些有人少些，但内心都渴望被安抚理解。如果得不到，不必去强求。你身边的人，他们的言行你不认同很正常，他们不理解你也很正常。每个人都是独立自由的个体，有各自的想法与思考，你能做的就是求同存异。精神层次上的东西，不能相容也就罢了。你还可以享受属于自己的那份孤独，它会让你的心静下来，去做关于生命的思考。

如果在这个世界里，你不能找到那么一个人，想着同样的事情，怀着相似的频率，在某站孤独的出口，等待着与你相遇。那么，学会享受你的孤独时光。求知己、觅知音，是一种非常美好的追求，可人生总是遗憾重重。生命中能得一二知己当然是一大幸事，但能在缺憾的人生中，学会孤独地享受人生之乐，才是智慧的人生观。

◎ 在喧嚣里，做一个孤独的散步者

人缺少的往往是拥有一颗独处时淡定的心。在太过喧嚣的生活环境里，我们更容易迷失自我。不如像黑格尔说的那样："背起行囊，独自旅行，做一个孤独的散步者。"

很多人喜欢三毛，喜欢她对自由的诠释。可是，为何这么多年过去，再没有出现一个三毛一样的人？为什么她的自由只能被默默欣赏，而无法直接效仿呢？因为我们害怕孤独，无法像她一样摆脱尘世的杂念，故而得不到她那样的自由。

我们崇拜三毛行走在撒哈拉大沙漠里的洒脱，可大部分人只敢跟着旅行团走马观花，又有几人愿意背起简单的行囊独自去旅行呢？我们大多数人都是这复杂世界中的一颗棋子，心甘情愿地接受他人的摆布，这些包括我们的亲人、朋友、上司，甚至可能是这世界上的任何一个人。我们害怕如果不接受摆布就会被排斥，我们无法承受那样的孤独，所以当三毛的心飞向自由时，我们心甘情愿地被束缚。

也有人认为三毛很软弱,因为她的文字总是写满忧伤,她的故事里总是带着感伤。或许他说的没错。但谁又能说,这不是三毛对内心孤独的一种面对与释放呢?

三毛的孤独来自于她对"自己"二字的定义。三毛说:"在我的生活里,我就是主角。对于他人的生活,我们充其量只是一份暗示、一种鼓励、启发,还有真诚的关爱。这些态度,可能因而丰富了他人的生活,但这没有可能发展为——代办他人的生命。我们当不起完全为另一个生命而活——即使他人给予这份权利。坚持自己该做的事情,是一种勇气。"

现代的女性虽然不再像古时那样嫁夫从夫、三从四德,可大部分女人还是心甘情愿地牺牲自己来成全男人,直到伤得体无完肤,才知道什么叫"爱自己"。三毛也很爱荷西,可她从来没有因为爱荷西而失去自我,她说:"我不是荷西的'另一半',我就是我自己,我是完整的。"为了自己,三毛孤独地生活着。

在《稻草人手记》的序言里,有这样一段描写,一只麻雀落在稻草人身上,嘲笑它"这个傻瓜,还以为自己真能守麦田呢?他不过是个不会动的草人罢了!"话落,它开始张狂地啄稻草人的帽子,而这个稻草人,像是没有感觉一般,眼睛不动地望着那一片金色的麦田,直直张着自己枯瘦的手臂,然而当晚风拍打它单薄的破衣裳时,稻草人竟露出了那不变的微笑来。三毛就像这稻草人,执着地微笑着守护内心中那片孤独的麦田。

作家司马中原说:"如果生命是一朵云,它的绚丽,它的光灿，它的变幻和飘流，都是很自然的，只因为它是一朵云。三毛就是这样，用她云一般的生命，舒展成随心所欲的形象，无论生命的感受，是甜蜜或是悲凄，她都无意矫饰，字里行间，处处是无声的歌吟，我们用心灵可以听见那种歌声，美如天籁。被文明捆绑着的人，多惯于世俗的烦琐，迷失而不自知。"

世人根本没有必要为三毛难过，而应该为她高兴，因为她找到了梦中的橄榄树。在流浪的路上，她随手撒播的丝路花语，无时不在治疗着一代人的青春疾患，她的传奇经历已成为一代青年的梦，她的作品已成为一代青年的情结。她虽死犹生。

给自己一些孤独时光，做一个孤独的散步者，你会越走越和谐，越走越从容，越走越懂得享受人与人之间一切平凡而卑微的喜悦。当有一天，走到天人合一的境界时，世上再也不会出现束缚心灵的愁苦与欲望，那份真正的生之自由，就在眼前了。

第一辑　谁的青春不忧伤

四、打开窗，让阳光驱散心里的忧伤

生活是一条温暖而忧伤的河，希望总在若即若离的地方。世事浮华，生命中不可能每天都是阳光明媚，莫使浮云遮真纯，给自己一个广阔的空间，忘记一切羁绊与束缚，忘记一切烦恼和不快，无须看得太远，走一步就有一步的风景，进一步就有多一步的欢喜。

◎ 没有什么是值得痛苦的

世上没有任何事情是值得痛苦的，你可以让自己的一生在痛苦中度过，然而无论你多么痛苦，甚至痛不欲生，你也无法改变现实。

痛苦是一种过度忧愁和伤感的情绪体验。所有人都会有痛苦的时刻，但如果是毫无原因的痛苦，或是虽有原因但不能自控、重复出现，就属于心理疾病的范畴了。这时如果还不及时调整，一味地痛苦下去，就会出问题——你随时可能崩溃掉。

当下，痛苦俨然已经成为一种社会通病，几乎每个人都在叫嚷着"我好痛苦！"但大家想明白没有：令人感到痛苦的是什么？痛苦又能给人带来什么？毫无疑问，痛苦这种情绪消极而无益，既然是在为毫无积极效果的行为浪费自己宝贵的时光，那么我们就必须做出改变。不过，我们要改变的不是诱发痛苦的问题，因为痛苦不是问题本身带来的，我们需要改变的是对于问题的看法，这会引导我们走出痛苦的泥潭。

有一位朋友，刚刚升职一个多月，办公室的椅子还没坐热，就因为工作失误被裁了下来，雪上加霜的是，与他相恋了五年的女友在这时也背叛了他，跟着一个土豪走了。事业、爱情的双失意令他痛不欲生，万念俱灰的他爬上了以前和女友经常散步的山。

一切都是那么熟悉，又是那么陌生。曾经的山盟海誓依稀还在耳边，只是风景依旧，物是人非。他站在半山腰的一个悬崖边，往事如潮水般涌上心头，"活着还有什么意思呢？"他想，"不如就这样跳下去，反倒一了百了。"

他还想看看曾经看过的斜阳和远处即将靠岸的船只，可是抬眼看去，除了冰冷的峭壁，就是阴森的峡谷，往日一切美好的景色全然不见。忽然间又是狂风大作，乌云从远处逐渐压过来，似乎一场大雨即将来临。他给生命留了一个机会，他在心里想：" 如果不下雨，就好好活着，如果下雨就了此余生。"

就在他闷闷地抽烟等待时，一位精神矍铄的老人走了过来，拍拍他的肩膀说："小伙子，半山腰有什么好看的，再上一级，说不定就有好景色。"老人的话让他再也抑制不住即将决堤的泪水，他毫无保留地诉说了自己的痛苦遭遇。这时，雨下了起来，他觉得这就是天意，于是不言不语，缓缓向悬崖走去。老人一把拉住了他，"走，我们再上一级，到山顶上你再跳也不迟。"

奇怪的是，在山顶他看到了截然不同的景色。远方的船夫顶着风雨引吭高歌，扬帆归岸。尽管风浪使小船摇摆不定，行进缓慢，但船夫们却精神抖擞，一声比一声有力。雨停了，风息了，远处的夕阳火一样地燃烧着，晚霞鲜艳得如同一面战旗，一切显得那么生机勃勃。他自己也感到奇怪，仅仅一级之差，一眼之别，却是两个不同的世界。

他的心情被眼前的图画渲染得明朗起来。老人说："看见了吗？绝望时，你站在下面，山腰在下雨，能看到的只是头顶沉重的乌云和眼前冰冷的峭壁，而换了个高度和不同的位置后，山顶上却风和日丽，另一番充满希望的景象。一级之差就是两个世界，一念之差也是两个世界。孩子，记住，在人生的苦难面前，你笑世界不一定笑，但你哭脚下肯定是泪水。"

几年以后，他有了自己的文化传播公司。他的办公室里一直悬挂着一幅山水画，背景是一老一少坐在山顶手指远方，那里有晚霞夕阳和逆风归航的船只。题款为："再上一级，高看一眼"。

当人生的理想和追求不能实现时，当那些你以为不能忍受的事情出现时，请换一个角度冥想人生，换个角度，便会产生另一种哲学，另一种处世观。

一样的人生，异样的心态。换个角度冥想人生，就是要大家跳出来看自己，跳出原本的消极思维，以乐观豁达、体谅的心态来观照自己、突破自己、超越自己。你会认识到，生活的苦与甜、累与乐，都取决于人的一种心境，牵涉到人对生活的态度，对事物的感受。你把自己的高度升级了，跳出来换个角度看自己，就会从容坦然地面对生活，你的灵魂就会在布满荆棘的心灵上做出勇敢的抉择，去寻找人生的成熟。

那么，你的心情现在怎样了？请大家一起来重复一下下面这个简单的步骤：

对自己说一句简短的话，说上几遍，每一次要深呼吸，放松。然后对自己说，同时心里想："不要怕。"

深呼吸，睁开眼睛，再轻松地闭起来，告诉自己："不要怕。"

仔细想想这些有魔力的字句，而且要真正相信，不要让你的心仍彷徨在痛苦和烦恼之中。

◎ 真的痛了，自然就会放下

心灵的内存有限，只有放下过去，释放新的空间，才能装下更多新的美好的东西。放下时的割舍是疼痛的，疼痛过后却是轻松。

人生就如一杯清茶，舍得才知其清甜，放下才闻其香郁！懂得放下就懂得生活，懂得生活必定玩转人生，走向成功。人生就如放飞气球，舍得才知其自由，放下才感其奔放！

某人情感受挫，遭遇朋友的背叛，事业上又遭遇桎梏，他为此忧伤满腹，惶惶不可终日，常借酒精来麻醉自己。

家族中一长者闻之这种情况，主动前来劝慰，但奈何说尽良言，该人始终不为所动，依旧满脸哀愁。最后该人说道：

"您不用再说了，我都明白，但我就是放不下一些人和事。"

长者道："其实，只要你肯，这世间的一切都是可以放下的。"

"有些人和事我就是放不下！"该人似乎有点不耐烦。

长者取来一只茶杯，并递到该人手中，然后向杯内缓缓注入热水。水慢慢升高，最后沿着杯口外溢出来。

该人持杯的手马上被热水烫到，他毫不迟疑地松开了手，杯子应声落地。

长者似在自语:"这世间本没有什么放不下的,真的痛了,你自然就会放下。"

该人闻言,似有所悟……

是的,这世间本没有什么是放不下的,真的痛了,你自然就会放下!

在一些人看来,有些事似乎是永远放不下的,但事实上,没有人是不可替代的,没有任何事物是必须紧握不放的,其实我们所需要的仅仅是时间而已。或许有人要问——有没有一种方法,能让人在放下时不会感到疼痛?答案是否定的,因为只有在真正感到痛时,你才会下决心放下。

不要刻意去遗忘,更不要长期沉浸于痛苦之中。

人生短暂,根本不够我们去挥霍,在人生的旅程中,每一段消逝的感情,每一份痛苦的经历,都不过是过客而已,都应该坦然以对。我们所要做的是珍惜现在,做自己喜欢做、自己该做的事情,过好人生中的每一天。

◎ 不是所有失去,都是遗憾

在人的一生中,要经历无数的失去,学会为失去感恩,勇于承受失去的事实,是走出失去的阴影、获得重新生活的勇气的关键。

当我们失去了曾经拥有的美好时光，我们总是会更加感叹人生路途的难走。其实大可不必如此，不管人生的得与失，我们都应致力于让自己的生命充满亮丽与光彩。

不再为过去掉眼泪，笑对明天的生活，努力活出自己的精彩，前途也会是一片光明。

一个商人在翻越一座山时，遭遇了一个拦路抢劫的山匪。商人立即逃跑，但山匪穷追不舍。走投无路时，商人钻进了一个山洞里。山匪也追进了山洞里。

在洞的深处，商人未能逃过山匪的追逐。黑暗中，他被山匪逮住了，遭到了一顿毒打，身上所有钱财，包括一支准备夜间照明用的火把，都被山匪掳去了。

"幸好山匪并没有要我的命！"商人为失去钱财和火把沮丧了一阵之后，突然想开了。之后，两个人各自寻找着山洞的出口。这山洞极深极黑且洞中有洞，纵横交错。两个人置身于洞里，像置身于一个地下迷宫。山匪庆幸自己从商人那里抢来了火把，于是他将火把点燃，借着火把的亮光在洞中行走。火把给他的行走带来了方便，他能看清脚下的石块，能看清周围的石壁，因而他不会碰壁，不会被石块绊倒。但是，他走来走去，就是走不出这个洞。最终，他力竭而死。

商人失去了火把，没有了照明，但是他想："我还有眼睛呢。"于是，他在黑暗中摸索着，行走得十分艰辛。他不时碰壁，不时被石块绊倒，跌得鼻青脸肿。但是，正因为没有了火把的照明，使他置身于一片黑暗之中，这样他的眼睛就能够敏锐地感受到洞口透进来的微光，他迎着这缕微光摸索爬行，最终逃离了山洞。

后来，商人还暗自庆幸山匪抢走了他的火把，否则他也会像山匪那样困死在洞中。

塞翁失马，焉知非福。有时候失去，并不意味着遗憾。

昨日渐远，你会发现，曾经以为不可放手的东西，只是生命中的一块跳板而已，跳过了，你的人生就会变得更精彩。人在跳板上，最艰难的不是跳下来的那一刻，而是在跳下来之前，心里的犹豫、挣扎、无助和患得患失，那种感觉只有自己才能体会得到。同样，没有什么东西是不可或缺的，学会为所失去的感恩，幸福的阳光就会洒满你的心扉。

◎ 坚强，就是一种生活态度

"当灵魂迷失在苍凉的天和地，还有最后的坚强在支撑我身体，当灵魂赤裸在苍凉的天和地，我只有选择坚强来拯救我自己"。有时候，你真的不得不坚强，因为如果你不坚强，没人会替你勇敢。

陈丹燕老师在《上海的金枝玉叶》中描写了这样一个美丽的女子——郭婉宝（戴西），她是老上海著名的永安公司郭氏家族的四小姐，曾经锦衣玉食，应有尽有。时代变迁，所有的荣华富贵随风而逝，她经历了丧偶、劳改、受羞辱打骂、一贫如洗……一度甚至沦落到在乡下挖鱼塘清粪桶，但那么多年的磨难并没有使她心怀怨恨，她依旧美丽、优雅、乐观，始终保持着自尊和骄傲。她有着喝下午茶的习惯，可是家中早已一贫如洗，烘焙蛋糕的电烤炉没了多年，怎么办？这些年她一直自己动手，用仅有的一口铝锅，在煤炉上烘烤，在没有温度控制的条件下，巧手烘烤出西式蛋糕。就这样，几十年沧桑，她雷打不动地喝着下午茶，吃着自制蛋糕，怡然自得，浑然忘记身处逆境，悄悄地享受着残余的幸福。

这就是坚强，一种生活的态度，淡定而从容。生活就是这样，有时意料之中，有时意料之外。不过悲也好，喜也好，你都得活着，都要面对，等你的年龄到了足以有资格回味往事之时，你会发现，那正是你的人生。而这一路陪你走来的，不是金钱、不是欲望、不是容貌，恰恰就是你那颗坚强的心。

也许你有些害怕，于是你不想长大，但很多我们不想经历的，终究还是要经历，长大了就是长大了，就要承受很多东西。人生，从来都是苦大于乐、福少于难的，你得学会苦中作乐，因为如果你不坚强，没人替你勇敢。

或许，如果可以，你更愿意每天随心所欲，不用早起，不用挤地铁，不必看老板的脸色，在遭遇挫折以后，不需理睬什么"在哪里跌倒就在哪里站起"，是的，如果可以，你更愿意蹲下来怀抱双膝，慢慢疗伤……可是，人生没有如果，即使有一千个理由让你黯淡消沉，你也必须选择一千零一次的勇敢面对，因为你不坚强，没人替你勇敢。

　　有时候，看似好友成群，每天的哥们儿义气、姐妹情谊，可真到了关键时刻，能帮得了自己的却不见一人，所以做任何事情，不要总想着依靠别人，凡事还得靠自己，因为如果你不坚强，没人替你勇敢。

　　暴风雨之夜，一只蝴蝶被打落在泥中，它想飞，它拼命挣扎，可是风雨太大，心有余而力不足。在无数次努力失败以后，它大概打算放弃了，这时，一缕阳光射来，映照着它美丽的翅膀，它再一次选择了坚强，经过一次次试飞，它终于挣脱了泥潭，挥动着仍带有泥点的翅膀，在阳光中散发着七彩的光芒。蝴蝶永远知道：如果它不坚强，没人替它勇敢。

　　人生的绽放，需要你的坚强，没了坚强，你会变得不堪一击，只有经历地狱般的折磨，才会有征服天堂的力量，只有流过血的手指，才能弹出人世间的绝唱！

　　坚强，显然已经成为一种世界的、民族的趋势，从生存到竞技，从灾难到救援，几乎每一个人都在以乐观、进取来表达着坚强，小到一个人，大到一个国家，都在不停地努力付出，一天天让自己变得更好。

　　坚强，其实就是一种自然而然的生活态度。

◎ 告别痛苦的手只能自己来挥动

痛苦的感受犹如泥泞的沼泽，你越是不能很快从中脱身，它就越可能将你困住，乃至越陷越深，直至不能自拔。

然而，尽管我们的人生有诸多不如意，可我们的生活还是要继续。只是不肯接受这诸多"不如意"的人也不少见。这些人拼命想让情况转变过来，不管这是不是还有用。为此他们劳心劳力，如果事情没有转机，他们就会把问题归结到自己身上，觉得自己没有尽力，或是没有本事。然而，总有些事情是我们力所不及的。对于那些无法改变的事情，与其苛求自己做无用功，不如坦然接受的好。

第二次世界大战期间，一位名叫伊莉莎白·康黎的女士，在庆祝盟军于北非获胜的那一天，收到了国际部的一份电报：她的独生子在战场上牺牲了。

那是她最爱的儿子，是她唯一的亲人，那是她的命啊！她无法接受这个突如其来的残酷事实，精神接近了崩溃的边缘。她心灰意冷，万念俱灰，痛不欲生，决定放弃工作，远离家乡，然后默默地了此余生。

当她清理行装的时候，忽然发现了一封几年前的信，那是她儿子在到达前线后写的。信上写道："请妈妈放心，我永远不会忘记你对我的教导，不论在哪里，也不论遇到什么灾难，都要勇敢地面对生活，像真正的男子汉那样，用微笑承受一切不幸和痛苦。我永远以你为榜样，永远记着你的微笑。"

她热泪盈眶，把这封信读了一遍又一遍，似乎看到儿子就在自己的身边，用那双炽热的眼睛望着她，关切地问："亲爱的妈妈，你为什么不照你教导我的那样去做呢？"

伊莉莎白·康黎打消了背井离乡的念头，一再对自己说："告别痛苦的手只能由自己来挥动。我应该用微笑埋葬痛苦，继续顽强地生活下去。事情已经是这样了，我没有起死回生的能力改变它，但我有能力继续生活下去。"

后来，伊莉莎白·康黎写了很多作品，其中《用微笑把痛苦埋葬》一书颇有影响。书中这几句话一直被世人传颂着：

"人，不能陷在痛苦的泥潭里不能自拔。遇到可能改变的现实，我们要向最好处努力；遇到不可能改变的现实，不管让人多么痛苦不堪，我们都要勇敢地面对，用微笑把痛苦埋葬。有时候，生比死需要更大的勇气与魄力。"

其实，生活中，我们每个人都可能存在着这样的弱点：不能面对苦难。但是，只要坚强，每个人都可以接受它。假如我们拒不接受不可改变的情况，不断做无谓的反抗，结果就会带来无眠的夜晚，把自己整得很惨。到最后，经过无数的自我折磨，还是不得不接受无法改变的事实。所以说，面对不可避免的事实，我们就应该学着像树木一样，坦然地面对黑夜、风暴、饥饿、意外与挫折。

记住那些话：

其实天很蓝，阴云总要散；

其实海不宽，此岸连彼岸；

其实梦很浅，万物皆自然；

其实泪也甜，当你心如愿！

◎ 无论如何，太阳每天都是新的

"无论如何，明天又是新的一天"，每一个读过美国作家玛格丽特·米切尔的《飘》的人，都会记得主人公思嘉丽在小说中多次说过的话。在面临生活困境与各种难题的时候，她都会用这句话来安慰和开脱自己，并从中获取巨大的力量。

和小说中思嘉丽颠沛流离的命运一样，我们一生中也会遇到各种各样的困难和挫折。面对这些一时难以解决的问题，逃避和消沉是解决不了问题的，唯有以阳光的心态去迎接，才有可能最终解决。阳光的人每天都拥有一个全新的太阳，积极向上，并能从生活中不断汲取前进的动力。

克瓦罗先生不幸离世了，克瓦罗太太觉得非常颓丧，而且生活瞬间陷入了困境。她写信给以前的老板布莱恩特先生，希望他能让自己回去做以前的老工作。她以前靠推销《世界百科全书》过活。两年前她丈夫生病的时候，她把汽车卖了。于是她勉强凑足钱，分期付款才买了一部旧车，又开始出去卖书。

她原想，再回去做事或许可以帮她改变她的颓丧。可是她几乎无法忍受要一个人驾车，一个人吃饭。有些区域简直就做不出什么成绩来，虽然分期付款买车的数目不大，却很难付清。

第二年的春天，她在密苏里州的维沙里市，见那儿的学校都很穷，路很坏，很难找到客户。她一个人又孤独又沮丧，有一次甚至想要自杀。她觉得成功是不可能的，活着也没有什么希望。每天早上她都很怕起床面对生活。她什么都怕，怕付不起分期付款的车钱，怕付不起房租，怕没有足够的东西吃，怕她的健康受损而没有钱看医生。让她没有自杀的唯一理由，是她担心她的姐姐会因此而觉得很难过，而且她姐姐也没有足够的钱来支付自己的丧葬费用。

然而有一天，她读到一篇文章，让她得以从消沉中振作起来，有勇气继续活下去。她永远记得那篇文章里那一句令人振奋的话："对一个聪明人来说，太阳每天都是新的。"她用打字机把这句话打下来，贴在她车子前面的挡风玻璃上，这样，在她开车的时候，每一分钟都能看见这句话。她发现每次只活一天并不困难，她学会忘记过去，每天早上都对自己说："今天又是一个新的生命。"这让她成功地克服了对孤寂的恐惧和对需要的恐惧。她现在很快乐，也还算成功，并对生命抱着热忱和爱。她现在知道，不论在生活上碰到什么事情，都不要害怕；她现在知道，不必怕未来；她现在知道，每次只要活一天——而"对一个聪明人来说，太阳每天都是新的"。

在日常生活中可能会碰到极令人兴奋的事情，也同样会碰到令人消极的、悲观的事情，这本来应属正常。如果我们的思维总是围着那些不如意的事情转动的话，那么终究会摔下去的。因此，我们应尽量做到脑海想的、眼睛看的以及口中说的都应该是光明的、乐观的、积极的，相信每天的太阳都是新的，明天又是新的一天，发扬往上看的精神才能让我们的事业获得成功。

无论是快乐还是痛苦，过去的终归要过去，强行将自己困在回忆之中，只会让你备感痛苦！无论明天会怎样，未来终会到来，若想明天活得更好，你就必须以积极的心态去迎接它！你要知道——太阳每天都是新的！

◎ 生活里的点滴，都是幸福出处

幸福其实就在点点滴滴的生活中，一个人的处境是苦还是乐，这其实是主观的感受。

同样是半杯水，消极的人说："我只剩下了半杯水。"而积极的人却说："我还有半杯水！"同样是拥有，但是却有两种截然不同的人生态度与价值判断，这就是两种截然不同的自我心理暗示。

其实，在我们的生活当中并不缺少快乐，缺少的只是发现快乐的眼睛和感悟快乐的心灵。当你把自己的轻松快乐存入银行的时候，你就会觉得，其实你还拥有许多快乐幸福的事情。

曾经有一位北京的朋友，他讲了一件令人感动的事。

"我家保姆是一位来自陕西大山里面的农村姑娘，刚满20岁，不识字。曾经听她说，她们家识字的只有她妹妹，妹妹现在在家乡读高中，成绩不错。有一天，她妹妹给她来了封信，她让我念给她听。我拆开信后，几行清秀的字迹跃入了眼帘，读着读着，我就被信的内容深深感动了。

"信里说，因为家里实在太穷了，她已经退学了，现在正在家里帮助父母忙农活。妹妹劝姐姐一定要珍惜北京的工作，不要去羡慕别人的生活，要自强自立，好好做人，其中有一句话是：幸福就是自身的感受。

"在读完这封信之后，我的眼睛湿润了。一位不到20岁的农村姑娘，居然对人生竟有如此深的感悟，这能不令人感动吗！"

"幸福就是自身的感受"，这句话说得多么好呀！现在，许许多多的人腰缠万贯，但他们真的幸福吗？答案很显然，幸福从来都不是用金钱能够衡量的。

腹有万卷书的穷书生，并不想去和百万富翁交换钻石或股票。满足于田园生活的人也并不羡慕任何高官厚禄。

你的爱好就是你的方向，你的兴趣就是你的资本，你的性情就是你的命运。每个人有每个人理想的乐园，有自己所乐于安享的世界。

人的一生是非常短暂的，有的时候像烟花般短暂炫目，一闪而逝。快乐也是一辈子，痛苦也是一辈子，为什么不让自己活得更快乐一些呢？幸福就好像一把魔杖，掌握在我们自己的手中。只要我们能够感悟一下心灵，谛听一下心灵，我们就可以找到幸福。

◎ 别把自己的快乐，交给别人保管

无论现实多么灰暗，无论人生多少颠簸，都会有摆渡的船，这只船就在我们手中！每一个有灵性的生命都有心结，心结是自己结的，也只有自己能解，而生命，就在一个又一个的心结中成熟，然后再生。

一个成熟的人，应该掌握自己快乐的钥匙，不期待别人给予自己快乐，反而将快乐带给别人。其实，每个人心中都有一把快乐的钥匙，只是大多时候，人们将它交给了别人来掌管。

譬如有些女士说："我活得很不快乐，老公经常因为工作忽略我。"她把快乐的钥匙放在了老公手里；

一位母亲说："儿子没有好工作，老大不小也娶不上个媳妇，我很难过。"她把快乐的钥匙交在了子女手中；

一位婆婆说："儿媳不孝顺，可怜我多年守寡，含辛茹苦将儿子带大，我真命苦。"

一位先生说："老板有眼无珠，埋没了我，真让我失落。"

一个年轻人从饭店走出来说："这家饭店的服务态度真差，气死我了！"

……

  这些人都把自己快乐的钥匙交给了别人掌管,他们让别人控制了自己的心情。

  当我们容忍别人掌控自己的情绪时,我们在头脑中便把自己定位成了受害者,这种消极设定会使我们对现状感到无能为力,于是怨天尤人成了我们最直接的反应。接下来,我们开始怪罪他人,因为消极的想法告诉我们:之所以这样痛苦,都是"他"造成的!所以我们要别人为我们的痛苦负责,即要求别人使我们快乐。这种人生是受人摆布的,可怜而又可悲。

  积极的心态是我们重新掌控自己的人生,拿回自己快乐的钥匙。

第二辑
谁的爱情不愁肠

　　谁的爱情不愁肠呢？谁的幸福不曾迷路？愁肠了没关系，经历过后记得成长就好；迷路了没关系，记得回到原点，让幸福着陆。

　　爱情是会让人成长的。有些事的确不堪回首，但是请不要逃避。我们应该从中汲取教训，而不是累积伤痛。当经历过人间世事，也许你会有不一样的收获。迷茫过后，便是丰盛。

一、错的只是选择，失的只是缘分

有些爱情，就算你费尽心机，用尽力气，卑躬屈膝，也不可能把它留住。并非是命运注定你不能爱，而是你们两个不合适。两个生活中不合适的人可以在精神中爱着，但越爱就越累。

◎ 爱，有时候需要放弃

凡事都是在它适当的时候降临，无论是谁，在对的时间里做了错的事，其结果是可想而知的，其代价是显而易见的。爱情，也是如此。

有的人你再喜欢也注定不属于你，有种无奈叫再留恋也注定要放弃，与其流着泪继续爱，不如挥泪让他离开，人一生中也许会经历许多种爱，别让爱成为一种伤害。

一只孤独的刺猬常常独自来到河边散步。杨柳在微风中轻轻摇曳，柳絮纷纷扬扬地飘洒下来，这时候，年轻的刺猬会停下来，望着水中柳树的倒影，望着水草里自己的影子，默默地出神。一条鱼静静地游过来，游到了刺猬的心中，揉碎了水草里的梦。

"为什么你总是那么忧郁呢？"鱼不解地问刺猬。

"我忧郁吗？"刺猬轻轻地笑了。

鱼温柔地注视着刺猬，默默地抚摸着刺猬的忧伤，轻轻地说："让我来温暖你的心。"

上帝啊，鱼和刺猬相爱了！

上帝说："你见过鱼和刺猬的爱情吗？"

刺猬说："我要把身上的刺一根根拔掉，我不想在我们拥抱的时候刺痛你。"

鱼说："不要啊，我怎么忍心看你那一滴滴流淌下来的鲜血？那血是从我心上流出来的。"

刺猬说："因为我爱你！爱是不需要理由的。"

鱼说："可是，你拔掉了刺就不是你了。我只想要给你以快乐……"

刺猬说："我宁愿为你一点点撕碎自己……"

刺猬在一点点拔自己身上的刺，每拔一下都是一阵揪心的疼，每一次都疼在鱼的心上。

鱼渴望和刺猬做一次深情的相拥，它一次次地腾越而起，每一次的纵身是为了每一次的梦想，每一次的梦想是每一次跌碎的痛苦。

鱼对上帝说："如何能让我有一双脚，我要走到爱人的身旁？"

上帝说："孩子，请原谅我的无能为力，因为你本来就是没有脚的。"

鱼说："难道我的爱错了？"

上帝说："爱永远没有错。"

鱼说："要如何做才能给我的爱人以幸福？"

上帝说："请转身！"

鱼毅然游走了，在辽阔的水域下，鱼闪闪的鳞片渐渐消失在刺猬的眼睛里。

刺猬说："上帝啊，鱼有眼泪吗？"

上帝说："鱼的眼泪流在水里。"

刺猬说："爱是什么？"

上帝说："爱有时候需要学会放弃。"

爱一个人就是让她（他）快乐，使她（他）忘记烦恼和忧伤，给她（他）一份温馨，那便是真诚，如果你做不到，莫不如放弃，放弃何尝不是一种宽容。时间能冲淡一切爱的足迹，不必想念，不必彷徨，心中的牵挂任凭飘雪的冬季飞逝吧，只有在爱的道路上经历过痛苦的磨砺，才能在感情世界里渐渐长大。

◎ 情散缘尽,又何必意犹未尽

曾几何时,她与你心心相印、海誓山盟,约定白头到老、相携相扶,然而,随着空间的阻隔、时间的流逝,那份你侬我侬,逐渐淡而无味,乃至随风散去。宿命就是如此,情缘未必随人愿,并非每个人都能拥有缘,亦不可能每份缘都能被牢牢抓在手中。尘世间的聚聚散散、分分合合,在生活中演绎出多少悲喜、恩怨。有时有缘无分,君住长江头,我住长江尾,日日思君不见君;有时有情无缘,执手相看泪眼,竟无语凝噎。凡此种种,皆是人世间的大痛,可谁能料定?谁又能改变?

人生本来就有太多的未知,若无缘,或许只是一个念头、一次决定,便可了断一份情、丧失一份爱。一见钟情是为缘,分道扬镳也是为了缘,宿命如此,人生亦如此。爱情是变化的,任凭再牢固的爱情,也不会静如止水,爱情不是人生中一个凝固的点,而是一条流动的河。所以,并不是有情人都能成眷属,亦不可说每个美丽的开始都会有美满的结局。你叹也好、恼也罢,事实就是如此,本无道理可言。也正因如此,人世间才会出现那么多的不甘与苦痛。

海洋和媛媛是华南某名牌大学的高才生。他们俩既是同班同学,又是同乡,所以很自然地成了形影不离的一对恋人。

一天,海洋对媛媛说:"你像仲夏夜的月亮,照耀着我梦幻般的诗意,使我有如置身天堂。"媛媛也满怀深情地说:"你像春天里的阳光,催生了我蛰伏的激情。我仿佛重获新生。"两个坠入爱河的青年人就这样沉浸在爱的海洋中,并约定等海洋拿到博士学位就结成秦晋之好。

半年后,海洋负笈远洋到国外深造。多少个异乡的夜晚,他怀着尚未启封的爱情,像守着等待破土的新绿。他虔诚地苦读,并以对爱的期待时时激励着自己的锐志。几年后,海洋终于以优异的成绩获得博士学位,处于兴奋状态的他并未感到信中的媛媛有些许变化,学业期满,他恨不得身长翅膀脚生云,立刻就飞到媛媛身边,然而他哪里知道,昔日的女友早已和别人搭上了爱的航班。海洋找到媛媛后质问她,媛媛却真诚地说:"我对你已无往日的情感了,难道必须延续这无望的情缘吗?如果非要延续的话,你我只能更痛苦。"海洋只好退到别人的爱情背面,默默地舔舐着自己不见刀痕的伤口。

或许我们会站在道义的立场上,为品德高贵、一诺千金的海洋表示惋惜,但我们又能就此来指责媛媛什么呢?怪只能怪爱本身就具有一定的可变性。

诚然,只要真心爱过,分离对于每个人而言都是痛苦的。不同的是,聪明的人会透过痛苦看本质,从痛苦中挣脱出来,笑对新的生活;愚蠢的人则一直沉溺在痛苦之中,抱着回忆过日子,从此再不见笑容……

　　不过，千万不要憎恨你曾深爱过的人，或许这就是宿命，或许他（她）还没有准备好与你牵手，或许他（她）还不够成熟，或许他（她）有你所不知道的原因。不管是什么，都别太在意，别伤了自己。你应该意识到，如此优秀的你，离开他一样可以生活得很好。你甚至应该感谢他（她），感谢他（她）让你对爱情有了进一步的了解，感谢他（她）让你在爱情面前变得更加成熟，感谢他（她）给了你一次重新选择的机会，他（她）的离去，或许正预示着你将迎接一个更美丽的未来。

◎ 别怪别人，也别怪自己

　　我们一直试图找到那些真正懂我们的人，但往往却是天意弄人。或许有一天，我们的努力会被人感受，有人愿意从内心里去了解我们；或许，我们的努力一直不能被人感知，他们淡漠了我们的这种追求。无论如何，都要释怀，能被感知自然舒心，不能被感知也要学会宽心。

　　多年以前，他和她偶然邂逅，彼此相识，从一见倾心到无话不谈。

　　"你有什么爱好吗？"她问。

"文学，你呢？"他问。

"真的吗？我也是。那你喜欢看什么书？"

"《红楼梦》。"

"太巧了，我也是！"

他们的身影，时而重合，时而平行。

相处了一年以后，他和她来到了彼此相识的地方，路灯下，把他们相反方向的身影拉得很长。

"你觉得林黛玉这个人好吗？"他问。

"她冰清玉洁，对爱情忠贞不渝。"她说。

"可是她心胸狭窄，对人太苛刻。"

"你真的是这样认为的吗？"

"是的。"他很认真地回答。

"可我……"

两个身影各奔东西，只留下一片昏黄的灯光。

置身于陌陌红尘中，每一天都有别离，每一天也都有相逢。茫茫人海，谁与谁一见倾情，又是谁与谁擦肩而过。所谓朋友，所谓恋人，一个转身，也许就是一生背道而驰，一句再见，也许就是这辈子再不相见。所以，不要停在原地，不要傻傻地等，不要呢喃自语"我这个人，为什么你不懂？"

风有风的心情，雨有雨的心声，你的所想怎能人人都懂？你的心声，怎能人人遵从？做好你自己，才是最好的言行。人与人之间的故事，就是一点一滴的缘分凑成，他不懂你，你不懂他，说明彼此的缘分还没水到渠成。

也许你与他，就像不同时区的钟，看起来好像在一起滴滴答答，其实大相径庭。你没有走进他那个时区，他就跟随不了你的分分秒秒。你们之间就好像隔了一层薄薄的纱，看似若有若无，实则彼此都看不清。所以他不懂你，你别怪他。

这世上找不到那么多的不离不弃，也没有那么多的理所应当。能珍惜的便珍惜，毕竟，缘分来之不易。但不是所有的错过和失去都不值得原谅，留不住的只是朝露昙花，再美不过刹那芳华。人与人之间，懂了就是懂了，不懂，你再解释，依旧不懂。他不懂你，你别怪他，不是为了显示自己有多么大度，也不是为了显示自己有多么随性，只是要让自己明白，每个人都有一个死角，自己走不出来，别人也闯不进去，我们都习惯把最深沉的秘密放在那里，所以他不懂你，你别怪他。

其实难过的时候，不一定非要有个人陪在身边，宽慰几句，安抚几许。无聊的时候，发个呆，享受一下孤独的时光。不言不语，不卑不屈，让思想升华出来的火花，照亮心里需要照亮的角落，别怪自己，也别怪别人。

◎ 爱情不是一厢情愿的幻想

"一见钟情"本是件浪漫的事,生活中,不乏一见钟情终成眷属的佳话。然而,因"一见钟情"导致"相思成灾",就真的不正常了。诚然,幻想里面有优于现实的一面,现实里面也有优于幻想的一面,完满的幸福应是前者与后者的合而为一。而不是让幻想失去控制,变成妄想、狂想,这无论对想象者本人和被想象的对象来说,都是不幸的。

何小姐是北京一家国企的高级白领,工作业务突出,长相清新秀丽,虽然已年满三十,却一直名花无主,原因是她这个人太矜持、太端庄了,总给人以拒人千里之外之感。所以,虽然各方面条件都还不错,但却鲜有男士敢轻易接近她。

然而,她在同事心目中的形象却在一次旅行中被彻底颠覆了。

去年"十一"黄金周期间,公司组织员工旅游。初到美丽的大草原上,同事们异常兴奋,说笑不断,而平时并不孤僻的何小姐却突然变得寡言少语。原来,她的眼睛一直在盯着不远处一个放牧的小伙子。那个小伙子个子高高,肌肉强健,古铜色的皮肤彰显着健康。不多时,小伙子翻身上马,飞奔而去,动作一气呵成，何小姐的眼睛里简直要放出光来了。此后的何小姐一改往日矜持端庄的模样，与同事大谈这个小伙子的气质与风度，甚至直言不讳地说自己已经爱上这个小伙子了。

为了凑成何小姐的好事，同事们帮助她找到了这个小伙子。让大家跌破眼镜的是，这个小伙子只是一个普通牧民，只是身材健硕，长相非常普通，而且文化程度较低，与其交流都十分困难。但何小姐并不在意这些，她一口咬定，小伙子就是自己命中注定要找的那位"白马王子"。接下来的时间里，何小姐根本无心游览，她只有一个念头，就是向小伙子表露心声，并且表示非他不嫁，这让刚刚20出头的小伙子不知如何是好。

这突如其来的事件让同事们也慌了神儿，公司领导立即与何小姐家人取得联系，并匆匆结束行程，返回北京。可回到北京的何小姐依然"意乱情迷"，她每天都要念叨几次这个小伙子的名字，称永远无法忘记他翻身上马那奔放不羁的动作，还向父母表示一定要再见一见他。

正值婚龄的男男女女，偶遇一段缘分，如果能够好好把握，结成一段美好的姻缘，自然是好事。然而如果这段姻缘是不现实的，又或者为此做出了过激行为，比如执着于单方面的愿望，并为此不惜一切代价，又比如死缠烂打、寻死觅活，这就是一种心理障碍了，医学上称为"情爱妄想症"，这是一种非正常心态，而并不是爱情。

从心理学的角度上说，个体对异性产生的美好幻觉，是预先潜藏在心底的，偶遇与内心中的那个他（她）相似的个体，好感便会被激发。但正常情况下的一见钟情，只是对对方的气质、外貌等产生好感，在没有进一步了解的情况下，是不会贸然采取行动的。但是，在现代都市中，已经有越来越多的"情爱妄想症"被人们误认为是一见钟情，这并不是正常的，也是带有一定危险的。

曾看到这样一则新闻：

某厂职工薛某，对已婚女同事周某一见钟情，多次直诉情怀，多次被婉转拒绝。于是，他不断地给对方打骚扰电话，对方不堪忍受，将情况反映给了厂领导，薛某被辞退。但从这以后，他开始在周某上下班的必经之路上拦着对方表白，在被周某的亲友教训以后，他潜入对方家中，欲要杀害周某的丈夫，所幸未能得逞。面对司法人员，他的理由是：她其实是喜欢我的，只是她摆脱不了世俗束缚，她太犹豫了，不敢离婚，我要帮她脱离苦海……

而该厂的员工都可以作证，周某的家庭其实很幸福，从没有对他有过任何的暧昧表示，是他一直在骚扰人家的正常生活。显然，与何小姐相比，薛某的"情爱妄想"要更严重，已经到了心理扭曲的地步，他偏执地认为对方已经爱上了自己，但实际上这只是他的一厢情愿，当自己幻想出来的爱情遭遇阻碍时，他开始恼羞成怒，做出一些异常的举动，甚至不惜触犯法律。

这类现象并不少见。有些人在生活中可能受到了挫折，也可能是因为感情问题不顺利，便会不知不觉地将自己的期望寄托到某个人身上，这个人可能是熟人，可能是陌生人，也可能是偶像、明星。他们靠着这种安全而有距离的妄想，体会着爱情中的各种感觉，大部分是可以自己控制的，少数严重的会失去控制。

而类似何小姐这样的人，是需要诚实地面对自己的内心，要诚实地倾听别人的意见，而不是自动过滤掉自己不爱听的东西，专门挑符合自己逻辑的话。要知道自己的状态是有问题的，要用行动去解决自己的问题。要认识到，爱情并不是存在于空幻中那般完美，事实上，现实中鸡毛蒜皮，喜怒哀乐才是真的爱情，如果有可能，尽快将自己投入到真正的爱情中去，感受现实中的喜怒哀乐，这会让你的心无暇幻想。

当然，如果只是轻度幻想，只把这作为一个美好的秘密珍藏起来，不影响自己正常的生活和工作，也不影响他人，而且幻想在自己的控制范围之内，那么，保留着一些粉红色的梦，只是作为生活的调剂，也是无可厚非的。

◎ 既然是错爱，何以谈幸福

错了的，永远对不了。不该拥有的，得到了也不会带给你快乐。

错位的感情即使得到了也不会幸福。所以，任何人在选择自己的爱人时都应该仔细想想，不要苛求那份本不该属于你的感情。现实是残酷的，一旦让感情错位，你所得到的结果就只会是苦涩。

王燕大学毕业后不久就与男朋友文华同居了，可是令她没有想到的是，文华竟背着她跟在法国留学的前任女友藕断丝连。后来在前女友的帮助下，文华很快就办好了去法国留学的签证，这时，一直蒙在鼓里的王燕才知道事情的真相，就在她还未来得及悲伤的时候，文华已经坐上飞机远走高飞了。没有了文华，王燕也就没有了终成眷属的期待，她决心化悲痛为力量，将业余时间都用在学习上，准备报考研究生，她想充实自己，也想在美丽的校园里让自己洁净身心。

可是就在这时她发现，她怀上了文华的孩子，唯一的方法是不为人知地去做人工流产，而她的家乡并不在这里，她实在找不到可以托付的医院或朋友。

她的忧郁不安被她的上司肖科长发现了，一天，下班后办公室里只剩下王燕一个人时，肖科长走了进来，他盯着她看了好半天，突然问起了她的个人生活。这一段时日的忧郁不安使王燕经不起一句关切的问候，她不由得含着眼泪将自己的故事和盘托出。第二天肖科长便带她到一家医院，等她顺利做完手术，又叫了一辆出租车送她回到宿舍，并为她买了许多营养品。

从那以后，她和肖科长之间仿佛有了一种默契，既已让他分担了她生命中最隐秘的故事，她不由自主地将他看作她最亲密的人了。有一天，她在路上偶然遇到肖科长和他爱人，当时正巧碰上他爱人正在大发脾气，肖科长脸色灰白，一声不吭，他见到王燕后，满脸尴尬。

第二天，肖科长与她谈到他的妻子，说她是一家合资企业的技术工人，文化不高收入却不低，在家中总是颐指气使，而且在同事和朋友面前也不给他留面子，他做男人的自尊已丧失殆尽。说着说着，他突然握住她的手，狂热地说："我真的爱你。"她了解他的无奈和苦恼，也感激他对她的关心和帮助，虽然明知他是有妇之夫，但还是身不由己地陷了进去。

不知是出于爱的心理还是知恩图报，反正她从此成了他的情人，他对她说得最多的一句话就是："我是真的喜欢你，你放心，我很快就会办离婚。"可是从来不见他行动，她心里明白，他不可能离开老婆孩子，但只要他真心爱她，她可以等待。

他们经常在办公室里幽会，时间一过就是两年，她无怨无悔地等了他两年。一天晚上，当肖科长正狂热地亲吻她时，办公室的门突然被撞开了，单位里另一个科的陶科长一声不吭地在门口站了一会儿，一言不发就走开了。肖科长顿时脸色惨白，原来，陶科长正在与他争夺晋升主任一职，可见他处心积虑地窥探他们已有多时。肖科长惊慌失措，仓皇地离她而去。她预料到会有事情发生，果然，他捷足先登，到上级那里交代，他痛心疾首地说自己一时糊涂，没能抵挡住她投怀送抱的诱惑。

她气愤至极，赶到他家里要讨个说法，她毕竟涉世未深，她还是个女孩子,他爱人不明就里,把她让到书房,不一会儿,她看到肖科长扛着一袋大米回来了,一进门就肉麻地叫着他爱人的小名,分明是一位体贴又忠诚的丈夫。然后直奔厨房,系起了围裙,等他爱人好不容易有空告诉他有客人来了时,他甩着两只油手,出现在书房门口,一见是她,大张着嘴半天说不出一句话。

刹那间,她的心泪雨滂沱,为自己那份圣洁的感情又遭践踏,也为自己真心错许眼前这个虚伪软弱的男人,所有的话都没有必要再说,她昂首走出了房门。

自尊心很强的她带着一身的创伤,辞职离开了这个给了她太多伤心的城市,从此开始了漂泊的生活。

从古至今,无数痴情人在等待中度日如年,憔悴年华。他们执着地等待,是以为自己没有错,以为心诚能使铁树开花。然而在男女的特定关系中,最难用是非对错来衡量,更多的却是心智、策略和手段的较量与契合,有时等待是合理的,有时等待就是一种浪费,比如爱上有夫之妇或者有妇之夫,这样的等待,时间越长,伤害就越大。在婚外恋中,当事人并非不知什么是应该做的,什么是不应该做的,其实他们心中是雪亮的,只是有时是身不由己,有时是故意与自己过不去。

有句话说得好:"在对的时间遇到对的人,得到的将是一生的幸福;在错误的时间里遇到错误的人,换回的可能就是一段心伤。"在感情的故事里,有些人你永远不必等,因为等到最后受伤的只会是自己。

◎ 两情相悦的，才是爱情

"香烟爱上火柴，就注定被伤害；老鼠爱上猫咪，就注定被淘汰"。选择你不爱的人，是践踏他的尊严；选择不爱你的人，是践踏自己的尊严。终有一天，回首过往，最心痛的不是逝去的感情，而是失去的尊严。我们都曾为爱做尽傻事，但真正的爱情，是要两情相悦的！

在《乱世佳人》中，思嘉丽少女时代就狂热地爱上了近邻的一位青年艾希礼。每当遇到艾希礼，思嘉丽就恨不得把自己全部的热情都倾注在他身上，然而他却浑然不觉。在思嘉丽向艾希礼表达她的爱恋之情时，被另一个青年白瑞德发现，从此白瑞德对思嘉丽产生了兴趣。艾希礼没有领会思嘉丽的真情，同他的表妹梅兰结婚了，思嘉丽陷入深深的痛苦之中，然而对艾希礼的爱恋依然丝毫没有减弱。

后来"二战"爆发了，白瑞德干起了运送军民物资的生意，并借此多次接触思嘉丽。他非常欣赏思嘉丽独立、坚强的个性和美丽、高贵的气质，狂热地追求她，引导思嘉丽冲破传统习俗的束缚，激发她灵魂中真实、叛逆的内核，让她开始追求真正的幸福。思嘉丽最终经不起他强烈的爱情攻势，他们结婚了。然而思嘉丽却始终放不下对艾希礼的感情，尽管白瑞德十分爱她，她却始终感觉不到幸福，一直不肯对白瑞德付出真爱，以致他们的感情生活出现了深深的裂痕。后来，他们最爱的小女儿不幸夭折，白瑞德悲痛万分，对思嘉丽的感情也失去信心，最终离开了她。白瑞德的离去使思嘉丽最终意识到自己的真爱其实就是他，然而一切悔之晚矣。

　　思嘉丽被一个并不爱她的男人蒙蔽了发现爱情的双眼，一生都在追求一种虚无缥缈的感觉，追求一种并不存在的所谓的爱情，当真正的爱情到来时，她却屡屡忽略。白瑞德选择了一个不爱自己的女人，也因此付出了大量的青春和感情，最终使自己伤痕累累。他们俩的选择都是错误的，因为他们选择了不爱自己的人，致使自己的感情白白付出，酿成了悲剧。

　　真正完美的、能够长久地给人带来幸福的爱情，应该是两相情愿、两情相悦的，是爱情双方互相认同和吸引的，是双方共同努力营造的。一个巴掌拍不响，单靠一个人的努力，另外一方无所回应，爱情的嫩苗不可能发展壮大，爱情的花朵也不可能结出丰硕的果实。

　　我们在寻找爱情时，一定要找一个既爱自己又被自己深深爱着的人，找一个与自己的道德观念、人生理想、信仰追求相似的人。尽管这样的爱情得来不易，适合自己的伴侣迟迟没有出现，我们也应对真爱抱有坚定而执着的信念，做到"宁缺毋滥"。因为不适合自己的爱情不仅不能给自己带来幸福，还会浪费自己的青春和感情，给自己的心灵造成伤害，使我们丧失对真爱的感悟力，使伤痕累累的我们没有信心再去尝试真正的爱情，从而错过人生中的最爱，这难道不是最大的悲剧吗？

◎ 合适的，才是最好的

　　这个世界是多维、平行的，不同的人生活在不同维度的空间之中，有些人之间注定一生无法交流、无法沟通，就算命运安排他们相遇，如果听不到或者根本无法接纳对方的心声，那在一起又有什么意思？

　　用"维度"来阐述爱情，或许有些人会感到难以理解，那么我们说得更通俗一点。回想一下，在你的大学时代有没有发生过这样的事情？

　　樱花盛开的季节，颇具文艺范的学长连续几天弹起他心爱的木吉他，在工科女生宿舍楼下浅吟低唱"我的心是一片海洋，可以温柔却有力量，在这无常的人生路上，我要陪着你不弃不散……"对面文学系的姑娘们眼睛中闪烁着晶亮的光芒，多希望有一位英俊的少年能够为自己如此疯狂，而学长的女神，那位立志成为女博士的姑娘却打开窗，羞涩而坚定地说："学长，你……你可不可以安静一点，我们还准备考试呢。"

这泼冷水的效果丝毫不亚于那句"我一直把你当哥哥（妹妹）看待"。其实被泼冷水的人也不必灰心丧气，不是你不够优秀，只是你爱慕的对象身处在不同的维度。有时候，你爱的人真的并不适合你，他只是你生命中点燃烟花的人，而烟花的美只缘于瞬间，如果你非要抓住这瞬间但不属于你的美丽，就会像那条最孤独的鲸鱼"52赫兹"一样。

"52赫兹"是一头鲸鱼用鼻孔哼出的声音频率，最初于1989年被发现记录，此后每年都被美军声呐探测到。因为只有唯一音源，所以推测这些声音都来自于同一头鲸鱼。这头鲸鱼平均每天旅行47千米，边走边唱，有时候一天累计唱22小时，但是没有回应。鲸歌是鲸鱼重要的通讯和交际手段，据推测不但可以召唤同伴，在交配季节更有"表述衷肠"的作用。导致"52赫兹"幽幽独往来的原因，是因为该品种鲸鱼的鲸歌大多在15～20赫兹，"52赫兹"唱的歌就算被同类听到，也不解其意，无法回应。

经营爱情的道理也是一样的，找准处在同一维度的对象很重要。孤独的"52赫兹"如果想找到知音，那么可以去唱给频率范围在20～1000赫兹的座头鲸。如果你还是个纯粹爱情的向往者，不巧倾慕了一位脸蛋漂亮但宁愿坐在宝马车里哭的姑娘，那么还是趁早"移情别恋"吧。找一个适合自己的人来爱，才能够爱的轻松、爱的自在、爱的幸福、爱的愉快。

这也是爱情中一个困难的地方，因为选择适合的对象，第一步就是要认清自己的特质，而我们在想要恋爱的时候，往往只注意打量对方，却忘了看自己。也许对方真的很优秀，但未必与你的特质相融；也许对方与你想象中的完美形象有差距，但难道自己就没缺点吗？所谓适合自己的人，并不是说就是相对最完美或者条件最好的人，而是那个能与你心有灵犀、相互包容、共同分享人生远景的人。

如果你准备把爱情提升到婚姻的高度，那么这个问题更要谨慎对待，最起码你要确定两个人的人生观相差无几，这是婚姻能否幸福的关键因素。

譬如这样两对夫妇，一对奉行享乐主义，对所有的娱乐和旅游项目都积极倡导；而另一对是谨慎的节约主义者，为防老，为育子，就是坐公车还是考虑是地铁省钱还是大巴省钱。两对夫妇各得其所，日子过得都很甜蜜。但是，我们设想一下，如果把他们的伴侣置换一下，后果又会怎样？恐怕会家无宁日吧。

那么，我们认识很多人，特质各异的，哪一个才是适合你的呢？

其实，你是哪种特质没关系，最重要的是他（她）与你的特质不相悖，你们在人生的理念上是一致的。除此之外，还有一个重要的参考因素，不是脾气，不是性格，也不是谁的爸妈能够做可以倚靠的参天大树，而是你能否在对方面前做到真实的放松。

即，你可以在对方面前做到不洗脸、不刷牙，却怡然自乐；你可以肆无忌惮地放声大哭；你可以在满腹委屈的时候在他

（她）面前露出不端庄的一面……而这些，他（她）统统都能够接纳、包容。

其实，在爱情这个问题上，没有什么绝对好或者绝对不好的人，只有适合或者不适合你的人。相处是一门很深的学问，他很好，但也许真的不适合你；她也很好，但你真的不适合她。如果是这样，不要做固执的"52赫兹"，闭上眼睛思考一下吧：哪个才是真正适合你的人？

◎ 如果一定要痛，把痛留给自己

如果我有一块糖，分给你一半，就有了两个人的甜蜜。如果你我都有一份痛，全部交给我来担，我一个人痛，就足够了。

他和她青梅竹马，自然相爱。

20岁那年，他应征入伍，她没去送他，她说怕忍不住不让他走，她不想耽误他的前程。

到了部队，不能使用手机，他与她之间更多的是书信来往，鸿雁传情。每一次看到她的信，他都在心里对自己说：等着我，我一定风风光光娶你进门，与子偕老，今生不弃。

3年的时间可以模糊很多东西，却模糊不了他对她的思念。可是突然有一天，她在信中对他说：分手吧！我已经厌倦了这种生活,真的厌倦了!

他不相信,不相信这是真的,他甚至想马上离开部队,回去让她给自己一个解释。可是,那样做就是逃兵啊!

所有的战友都劝他:"我们的职责虽然是光荣的,但对于自己的女人来说却是痛苦的。我们让女人等了那么多年,若日后真的荣归故里还好,若不能出人头地,还要让她跟着受苦吗?所以分开了也好。你得看开些,如果实在看不开,等退伍了,兄弟们陪你一起去,向她问个明白。"

退伍那天,他什么都顾不得做,第一时间赶回了家乡,只想快点见到她,问她一句:为什么。可是见到她的那一刻,他彻底心冷了。他不愿相信却又不得不相信,她已嫁做人妻且已为人母。原来,她早忘了他们间的爱情。

然而,一个偶然的机会让他发现,原来,他曾经送给她的东西,她一样没丢,至今保存。他找到她,想知道为什么,为什么明明没有忘记他,却嫁给他人。在他苦苦的询问与哀求之下,她终于道出了事情的真相。

原来,有一次她去参加朋友的聚会,喝多了酒,他现在的老公曾经是她的追求者,主动送她回家,就在她家的小区里,他们遇到了一位酒驾的业主,他猛地推开她,她无甚大碍,他却残了一条腿。她说:"所以,我宁愿嫁给他,照顾他一辈子。只是没想到这份感情里,伤得最深的还是你。"

他沉默了,没有说话。只是静静地听着,就像听故事一样。

- 111 -

他默默地转身走了，烧毁了她送给他的一切，不是绝情，只是想把她彻底忘记。他知道她心里也有痛，他不能在她的心里再撒盐，这种痛，他一个人来忍受，就足够了。

一段感情的终止也许只是一个误会，但事实已无法挽回。也许对方心里也有痛，只是你当时没有理解，他的心情你无法揣摩。可是事情已成定局，那么剩下的不该是用你最后的勇气去祝福他吗？

把相恋时的狂喜化成披着丧衣的白蝴蝶，让它在记忆里翩飞远去，永不复返，净化心湖。与绝情无关——唯有淡忘，才能在大悲大喜之后炼成牵动人心的平和；唯有遗忘，才能在绚烂已极之后炼出处变不惊的恬然。自己的爱情应当自己把握，无论是男是女，将爱情封锁在两个人的容器里，摆脱"空气"的影响，说不定更是一种痛苦。

爱你的人如果没有按你所希望的方式来爱你，那并不代表他没有全心全意地爱你。有些时候，爱情里确实存在着迫不得已。如果真的不能执手偕老，那么放开你的手，让他幸福。如果一定要痛，那么一个人痛就够了。

二、如果，所有的伤害都能够痊愈

爱过之后才知道爱情本无对与错、是与非，快乐与悲伤会携手和你同行，直至你的生命结束！世上千般情，唯有爱最难说得清。爱的时候，不要轻易说放弃，但放弃了，就不要再介怀。经不起考验的爱情是不深刻的，也不值得你用一辈子的痛苦去回忆。

◎ 爱走了，放不开手才残忍

世界上最遥远的不是天涯，不是海角，而是心灵的距离。当两颗曾经贴近的心灵再也感觉不到温暖时，爱情便走到了尽头。爱走了，就不必强留，越留越受伤，越留越痛苦。

她，还在很年轻的时候，就已经察觉到老公在外面有了别的女人，当时，她几乎都要崩溃了。令人未曾想到的是，她竟然把这件事强忍了下来，她的理由就是，"为了孩子"。为了孩子，她选择自己欺骗自己,就当这件事没有发生过,或者说就当自己没有发现过,继续维持着家庭的生活。但是,她毕竟是个有血有肉的人呀!长期生活在这样不幸的婚姻当中,压力、空虚和心理上的不平衡不断地冲击着她,当心里的承受能力达到极限时,她就会拿无辜的孩子来撒气,再到后来,甚至一想到这些事情,就乱骂、乱打孩子。无辜的孩子,常常就莫名其妙地遭了殃。而且,她还时常当着孩子面,用恶毒的语言讽刺、咒骂、攻击她的丈夫。长期生活在这样的家庭环境下,最后,孩子的精神世界也跟着崩溃了。

现在,她上了年纪,孩子也已经长大了。但是,可怜的孩子也变"坏"了,他感觉不到爱,也学不会宽容和爱,他的世界观、价值观、道德观都偏离了正确的轨道,说话和做事的方式非常极端偏激。家里的亲朋好友也曾尝试和孩子去沟通,可怜的孩子,他给出的答案是:"在这样一个没有温暖的家庭,谁管过我的感受?他们两个人三天一小吵,五天一大吵,谁真正用心关心过我?甚至还拿我当出气筒!他们之间出了问题,难道我就必须要受罪吗?他们生我出来,难道就是用来撒气的吗?亲生父母都这样,我对这个世界失望了。我只不过是为了自己而活着。"

看到孩子的状况,她终于清醒过来,认识到并能够真正去面对自己的错误了。可是,在她愿意放下自己心里面的固执,愿意去办离婚时,当初那个乖巧懂事的孩子却无论如何也回不来了,他不肯原谅自己的父母。她很想去补救,可是孩子根本不给他们机会,他对他们已经绝望了。可怜的她,在痛苦中生活了这么多年，已近黄昏，幡然醒悟，可是，又是否能够享受到儿孙承欢膝下的天伦之乐呢？

明知道是痛苦的生活模式，却固执地选择坚持，到最后，非但自己痛苦不堪，也间接连累他人痛苦异常，不是吗？这是她犯下的最大错误，毁了自己，也毁了自己爱及不爱的人。

所以，当我们认识到，有些事情已经不能勉强、无法挽回的时候，不如问问自己：我干吗不放手呢？很多时候，感情也好，婚姻也好，其他的事情也好，明明知道接下来的坚持，会对自己或是别人都造成一定的伤害，我们还要不要一门心思犟到底呢？是不是就算伤害人也在所不惜？那么别忘了，你自己也会遍体鳞伤的！生活中的很多事情都是需要放手的，换个方式处理问题，也许真的就海阔天空了呢！

◎ 他不爱你，你别怪他

缘聚缘散总无强求之理。世间人，分分合合，合合分分谁能预料？该走的还是会走，该留的还是会留。一切随缘吧！

爱情全仗缘分，缘来缘去，不一定需要追究谁对谁错。爱与不爱又有谁可以说得清？当爱着的时候只管尽情地去爱，当爱失去的时候，就潇洒地挥一挥手吧，人生短短几十年而已，自己的命运把握在自己手中，没必要在乎得与失，拥有与放弃，热恋与分离。

失恋之后，如果能把诅咒与怨恨都放下，就会懂得真正的爱。虽然在偶尔的情景下依然不免酸楚、心痛。

卢梭11岁时，在舅父家遇到了刚好大他11岁的德·菲尔松小姐，她虽然不很漂亮，但她身上特有的那种成熟女孩的清纯和靓丽还是将卢梭深深地吸引住了。她似乎对卢梭也很感兴趣。很快，两人便轰轰烈烈地像大人般恋爱起来。但不久卢梭就发现，她对他的好只不过是为了激起另一个她偷偷爱着的男友的醋意——用卢梭的话说"只不过是为了掩盖一些其他的勾当"，他年少而又过早成熟的心便充满了一种无法比拟的气愤与怨恨。

他发誓永不再见这个负心的女子。可是，20年后，已享有极高声誉的卢梭回故里看望父亲，在波光潋滟的湖面上游玩时，他竟不期然地看到了离他们不远的一条船上的菲尔松小姐，她衣着简朴，面容憔悴。卢梭想了想，还是让人悄悄地把船划开了。他写道："虽然这是一个相当好的复仇机会，但我还是觉得不该和一个40多岁的女人算20年前的旧账。"

爱过之后才知爱情本无对与错、是与非，快乐与悲伤会携手和你同行，直至你的生命结束！卢梭在遭到自己最爱的人无情愚弄后的悲愤与怨恨可想而知，但是重逢之际，当初那种火山般喷涌的愤怒与报复欲未曾复燃，并选择了悄悄走开，这恰好说明世上千般情，唯有爱最难说得清。

如果把人生比作一棵枝繁叶茂的大树，那么爱情仅仅是树上的一颗果子，爱情受到了挫折、遭受到了一次失败，并不等于人生奋斗全部失败。世界上有很多在爱情生活方面不幸的人，却成了千古不朽的伟人。因此，对失恋者来说，对待爱情要学会放弃，毕竟一段过去不能代表永远，一次爱情不能代表永生。

聚散随缘，去除执着心，一切恩怨都将在随水的流逝中淡去。那些深刻的记忆也终会被时间的脚步踏平，过去的就让它过去好了，未来的才是我们该企盼的。

◎ 成全，是换个方式让彼此好过

在情感的世界中，我们可以失去爱情，但一定要留下风度。

事实上，在情感的世界中，并没有绝对的对与错，他爱你时是真的很爱你，他不爱你时是真的没有办法假装爱你。毕竟你们真的爱过，所以分手时为何不能选择很有风度地离开？

不要为背叛流眼泪，在感情的世界中眼泪从来都只属于弱者。他若是爱你，怎会舍得让你流泪？他若是不再爱你，即便是泪水流尽亦于事无补。

缘分这东西冥冥中自有注定，如果你们错过，那只能说明你们不是彼此一生的归宿，他或许只是你在寻找一生爱情上的一次尝试。如果你自认是生活上的强者，那么不如洒脱地离开，既然曾经深爱，就不要再彼此伤害。

那个晚上，她坐公共汽车回家。

车开得很慢，司机好像很懂她的心情。车上只有三个乘客，另外两个乘客在给亲人打电话，脸上洋溢着幸福的表情。她痛苦地闭上眼睛，回想起摊放在桌上半年多的《离婚协议书》。

突然有人叫她，是那位司机在跟她说话——"妹妹，你有心事？"

她没有回答。

"我一猜您就是为了婚姻，"她的脸色微微地有点冷暗，可司机却当没看见一样继续说，"我也离过婚。"

她眼睛微微一亮，便竖起耳朵细心倾听起来。

"我和妻子离婚了。"她的心不由一紧。"她上个月已经同那个男人结婚了，他比她大4岁，做翻译工作，结过婚，但没孩子。听说，他前妻是得病死的。他性格挺好的，什么事都顺着我前妻，不像我性子又急又犟，他们在一块儿挺合适的。"

她觉得这个司机很不寻常。

"妹妹，离婚不是什么丢人的事，你不要觉得在亲友面前抬不起头。我可以告诉你，我的妻子不是那种胡来的人，她和那个男人在大学里相爱四年，后来那个男人去了国外，两人才分手。那个男人在国外结了婚，后来妻子死了，他一个人在国外很孤独，就回来了。他们在同学聚会上见了面，这一见就分不开了。我开始也恨，恨得咬牙切齿。可看到他们战战兢兢、如履薄冰地爱着，我心软了，就放他们一条生路……"

她的眼睛有些湿润了，她想起丈夫写给她的那封信：

我没有想到会在茫茫人海中与她邂逅。在你面前，我不想隐瞒她是一个比我小很多的女人。我是在一万米的高空遇见她的，当时她刚刚失恋。我们谈了几句话之后，她就坦诚地告诉我她是个不好的女孩，后来我知道她和我生活在同一座城市，我不知为什么，从那一天起，心里就放不下她。后来我们频频约会，后来我决定爱她，照顾她一生。因为她，我甚至想放弃一切……

车到家了，她慢慢地走上楼。第二天她很平静地在《离婚协议书》上签了字。

在人生的旅途上，生活给了你伤痛、苦难，同时也给了你退路和出口。所以当你所爱的人为了另一个珍爱的人执意要离你"远行"时，你无须做伤痕累累的最后决斗，而应在适当的时候选择放手。

曾经相遇，曾经相拥，曾经在彼此生命中光照，即使无缘也无憾。将故事珍藏在记忆的深处，让伤痛慢慢地愈合。

◎ 别怨人家不愿与你一起颠沛流离

人，都喜欢锦上添花，所以当你一帆风顺、蒸蒸日上的时候，有很多人愿意接近你。人，本性里是趋利避害的，所以当你遇到困难、举步维艰的时候，很多人可能会离开你。这个时候不要抱怨，不要责怪人情薄凉。对于曾经接近你的人，我们要感谢，因为他们给我们的"锦上"添了"花"；对于困难时离开的人，我们也要表示感谢，因为正是他们的离开，给我们泼了一盆足以清醒的冷水，让我们在孤独中重新审视自己，发现自己的危机，让我们有了冲破樊篱、更进一步的动力。

云鹤与莹莹相恋5年有余，按照原来的约定，他们本该在今年携手走进婚姻殿堂的，但是，就在婚前不久，莹莹做了"落跑新娘"，她留下一纸绝情书，与另一个男人去了天涯海角。

了解云鹤的人都知道，他与莹莹之间的爱情九曲十八弯，甚至有些荡气回肠。

云鹤英俊帅气，风度翩翩，在香港某大学完成学业以后，就回到了父亲创办的公司担任部门经理，管理着一个重要部门，由一位追随父亲多年的叔伯专门负责培养他、指导他。他行事果敢，富有创新意识，这个部门在他的管理下越发出色起来。

这个时候，追求他的姑娘、前来提亲的人家简直多得让人眼花缭乱，其中不乏当地的名门名媛，但他一概礼貌地回绝了，却唯独对来自农村的莹莹情有独钟。

那个时候的莹莹不但长相甜美，而且思想单纯，相比都市里雪月风花、汲于名利的女人们，她恰似一朵雪莲花不胜寒风的娇羞，这份纯朴的美让云鹤十分醉心。

然而，受中国传统门当户对思想的影响，云鹤的父母对于这种结合并不认同，云鹤为此与家人无数次理论过，甚至愿意为莹莹放弃现在的一切，只求抱得美人归。在他的坚定坚持下，父母终于妥协了。

由于莹莹的身体一直不好，医生建议他们3年之内最好不要结婚，云鹤只能把婚期向后推迟，3年来，他一直精心照顾着莹莹，给了她无微不至的关爱，莹莹的身体渐渐好了起来。

随后，为了莹莹的事业，云鹤又强忍着心中的寂寞，出资安排她去国外学习企业管理。在这5年多的交往中，可以说一个男人能做的，云鹤几乎都做到了。

后来，受国家货币政策影响，再加上人民币不断升值，云鹤家的公司受到了很大冲击。很快，公司的利润被压迫在一个很小的空间，后来，干脆成了赔本买卖。无奈之下，公司只能申请破产。云鹤也由一个白马王子变成了失业青年。

任谁也没想到的是，就在云鹤最困难的时候，那个他曾给予无数关爱，那个他愿意为之付出一切，那个曾与他海誓山盟的女孩，决绝地提出分手，跟着一个英国男人去国外"发展"了。

公司破产，云鹤并没有多么难过，因为他觉得凭自己的能力，有朝一日一定可以帮助父亲东山再起，因为他觉得即便自己变成了一个穷小子，但至少还有一个非常相爱的女朋友。但是现在，他真的觉得自己一无所有了，曾有那么一段时间，云鹤非常颓废。

一个人独处的时候，云鹤反复问自己："我那么爱她，她为什么在这个时候离开我？！"最后，他不得不接受一个残酷的事实——她太功利了，她不会跟一个身无分文的穷小子过一辈子！究竟是她变了，还是原本就如此，此刻已不重要。重要的是，接下来该做些什么。

冷静之后，云鹤意识到，自己必须努力了，否则才是真的一无所有。女友无情的背离也让他对爱情有了新的认知，他懂得了，爱并不是一厢情愿的冲动，有的人并不值得去爱，也不是最终要爱的人，所以放手，放任她离开，但不要带着怨恨，那只会让自己的内心永远不得安宁，为那个不爱自己的人徒留下廉价的伤感而已。

不久之后，云鹤找到了父亲的一位老朋友，并以真诚求得了他的资助。用这笔资金，云鹤在上海创办了一家投资公司，他又是学习取经，又是请高人管理，公司很快就走上了正轨，现在，云鹤又积累了不菲的一笔财富。

在那位叔父的撮合下，云鹤又结识了一位从法国留学归来的美丽姑娘，两个人一见钟情，很快确定了恋爱关系，双方的父母也都对彼此非常满意。

如果当初那个女人不离开他，或许云鹤就不会有如此大的动力，或许他会出去做一个高级打工者，一样能过日子。但是，她离去了，一段时间内，云鹤一无所有，这给了他前所未有的危机感，这种危机感鞭策着他必须去努力，似乎是为了证明些什么，但其实更是为了他自己。

曾经受过伤害的人，在孤独中复苏以后，会活得比以往更开心，因为那些人、那些事让他认清自己，同时也认清了这个世界。如果有人曾经背弃了你，无论他是你的恋人还是朋友，别忘了对他说声"谢谢"，正是因为这背离，才让你更坚强，更懂得如何去爱，也更懂得如何保护自己。

◎ 明明是他的错，何必比他还难过

　　爱情是两个原本不同的个体相互了解、相互认知、相互磨合的过程。磨合得好，自然是恩爱一生，磨合得不好，便免不了要劳燕分飞。当一段爱情画上句号，不要因为彼此习惯而离不开，抬头看看，云彩依然那般美丽，生活依旧那般美好。其实，除了爱情，还有很多东西值得我们为之奋斗。

　　放下心中的纠结你会发现，原本我们以为不可失去的人，其实并不是不可失去。你今天流干了眼泪，明天自会有人来逗你欢笑。你为他（她）伤心欲绝，他（她）却与别人你侬我侬，自得其乐，对于一个已不爱你的人，你为他（她）百般痛苦可否值得？

　　一个失恋的女孩在公园中哭泣。

　　一位老者路过，轻声问她："你怎么啦？为什么哭得这样伤心？"

　　女孩回答："我好难过，为何他要离我而去？"

　　不料老者却哈哈大笑，并说："你真笨！"

　　女孩非常生气："你怎么能这样，我失恋了，已经很难过，你不安慰我就算了，还骂我！"

　　老者回答说："姑娘，这根本就不用难过啊，真正该难过的应是他！要知道，你只是失去了一个不爱你的人，而他却是失去了一个爱他的人及爱人的能力。"

是的，离开你是他的损失，你只是失去了一个不爱你的人，离开一个不爱你的人，难道你真的就活不下去了吗？不，这个世界上没有谁离不开谁，离开他你一样可以活得很精彩。请相信缘分，不久的将来，你一定可以找到一个比他更好，更懂得珍惜你的人。是的，与其怀念过去，不如好好把握将来，要相信缘分，未来你可能会遇到比他更好的，更懂得珍惜你的人！

有些事，有些人，或许只能够作为回忆，永远不能够成为将来！感情的事该放下就放下，你要不停地告诉自己——离开你，是他的损失！

肖艳艳一直困扰在一段剪不断、理还乱的感情里出不来。

吴清的态度总是若即若离，其人也像神龙一样，见首不见尾。肖艳艳想打电话给他，可是又怕接的人会是他的女朋友，会因此给他造成麻烦。肖艳艳不想失去他，可是老是这样，有时自己也会觉得很无奈，她常常问自己："我真的离不开他吗？""是的，我不能忘记他，即使只做地下的情人也好。只要能看到他，只要他还爱我就好。"她回答自己。

但是该来的还是会来。周一的下午，在咖啡屋里，他们又见面了。吴清把咖啡搅来搅去，一副心事重重的样子。肖艳艳一直很安静地坐在对面看着他，她的眼神很纯净。咖啡早已冰凉，可是谁都没有喝一口。

他抬起头，勉强笑了笑，问："你为什么不说话？"

"我在等你说。"肖艳艳淡淡地说。

"我想说对不起,我们还是分开吧。"他艰涩地说,"你知道,我这次的升职对我来说很重要,而她父亲一直暗示我,只要我们近期结婚,经理的位子就是我的。所以……"

"知道了。"肖艳艳心里也为自己的平静感到吃惊。

他看着她的反应,先是迷惑,接着仿佛恍然大悟了,忙试着安慰说:"其实,在我心里,你才是我的最爱。"

肖艳艳还是淡淡地笑了一下,转身离开。

一个人走在春日的阳光下,空气中到处是春天的味道,有柳树的清香,小草的芬芳。肖艳艳想:"世界如此美好,可是我却失恋了。"这时,那一种刺痛突然在心底弥漫。肖艳艳有种想流泪的感觉,她仰起头,不让泪水夺眶而出。

走累了,肖艳艳坐在街心花园的长椅上。旁边有一对母女,小女孩眼睛大大的,小脸红扑扑的。她们的对话吸引了肖艳艳。

"妈妈,你说友情重要还是半块橡皮重要。"

"当然是友情重要了。"

"那为什么月月为了想要萌萌的半块橡皮,就答应她以后不再和我做好朋友了呢?"

"哦,是这样啊。难怪你最近不高兴。孩子,你应该这样想,如果她是真心和你做朋友就不会为任何东西放弃友谊,如果她会轻易放弃友谊,那这种友情也就没有什么值得珍惜的了。"母亲轻轻地说。

"孩子,知道什么样的花能引来蜜蜂和蝴蝶吗?"

"知道,是很美丽很香的花。"

"对了,人也一样,你只要加强自身的修养,又博学多才。当你像一朵很美的花时,就会吸引到很多人和你做朋友。所以,放弃你是她的损失,不是你的。"

"是啊,为了升职放弃的爱情也没有什么值得留恋的。如果我是美丽的花,放弃我是他的损失。"肖艳艳的心情突然开朗起来了。

若是一个人为名利前途而放弃你们之间的感情,你是不是应该感到庆幸呢?很显然,这样的人不值得你去爱。

事实告诉我们,对待感情不可过于执着,否则伤害的只能是自己。

◎ 下一个他,或许更适合你

人生最怕失去的不是已经拥有的东西,而是失去对未来的希望。爱情如果只是一个过程,那么失去爱情的人正是在经历人生应当经历的过程,如果要承担结果,谁也不愿意把悲痛留给自己。要知道,或许下一个他(她)更适合你。

李雪花龄之际爱上了一个帅气的男孩,然而对方不像李雪爱他那样爱自己。不过,那时的李雪对爱情充满了幻想,她认为只要自己爱他就足够了,自己只要有爱,只要能和自己爱的人在一起,这一辈子就是幸福的。于是,情窦初开的李雪不顾闺密的劝说,毅然决然地嫁给了那个男孩。然而,婚后的生活与李雪对于爱情的憧憬完全是两个样子,从结婚那天起,李雪的幸福就宣告终止了。她的丈夫爱喝酒,只要喝醉了就对她拳脚相加,即便是在外边惹了气,回到家中也要拿她来撒气。2年以后,李雪产下一女,丈夫对她的态度更不如前,就连婆婆也对她骂不绝口,说她断了自家的香火。

后来,丈夫又勾搭上了别的女人,终日里吵着要离婚,最终李雪忍受不了屈辱,签下《离婚协议书》,带着不足3岁的女儿远走他乡。

此时已年近30的李雪虽然被无情的岁月、困难的命运褪去了昔日的光鲜,却增添了几分成熟女人的韵味,依旧展现着女人最娇艳的美丽。于是,便有媒人上门提亲,据说对方是个过日子的男人,靠手艺吃饭。李雪因为想给女儿一个完整的家,所以当时并没有考虑对方是不是自己爱的人,没有多问就嫁给了那个叫丛宏伟的男人。

过门以后李雪才发现,那个男人长得又黑又丑,满口黄牙,而且他的所谓手艺也只是顶风冒雨地修鞋而已。见到丛宏伟的那一刻,别说爱上他了,李雪心中甚至有一种上当受骗的感觉,但是她知道,自己已经没有任何退路了。

然而,就是这样一个不起眼的丑男人,却让她深切体会到了男女之间真正的爱情。

结婚之后,丛宏伟很是宠她,不时给她买些小玩意儿,一个发夹，一支眉笔……有一次，甚至还给她带回了几个芒果。在以往近30年的岁月中，李雪从来没有用过这些东西，更不用说吃芒果了。

在吃芒果的时候，丛宏伟只是傻傻地看着她，自己却不吃。李雪让他："你也吃。"他却皱眉："我不爱吃那东西，看你喜欢吃我就高兴。"后来，李雪在街上看到卖芒果的，过去一问才知道，芒果竟要十几元一斤，她的眼睛瞬间红了起来。

那么香甜可口的东西他怎么可能不爱吃？他是舍不得吃呀！是为了让她多吃一些啊！

爱情不是一次性的物品，用完了就不能再用。那段逝去的感情或许只是宿命中的一段插曲，那个不再爱你的人应该只是宿命中的过客而已。上天对每个人都是公平的，他为你安排了一段不完美的爱情，或许只是为了了结前世的孽缘，而真正爱你的人，一定会在不远处等着你，只要你不放弃。

其实，现实里，没有人是像电影小说、流行歌曲所形容的那样幸福地可以恋爱一次就成功，永远不分开的，大多数人都是经历过无数的失败挫折才可以找到一个可长相厮守的人。所以，有一天当失恋的痛苦降临到我们身上时，不必以为整个世界都变得灰暗，理智的做法应是给对方一些宽容，给自己一点心灵的缓冲，及时进行调整，用新的姿态准备迎接在不远处等着你的那个人。

◎ 别让过去的她永远横在你们之间

我们所能掌握的只有现在，那么我们就只能尽力过好眼前的生活，过去的事情是我们无法改变的，那就只能让它过去，不要让它影响现在的生活。

有的人对爱人以前的情感经历耿耿于怀，他们总喜欢对对方过去的情感经历刨根问底，在想象中塑造着对方往日恋人的形象，然后拿来和自己反复做着比较，在这种比较中，常常会产生忌妒、愤怒、自卑等消极情绪，从而构成对自己目前恋情的致命威胁。

姚宁在大学时代就和同班同学云纭谈起了恋爱，两个人的感情一直都很稳定，可是大学毕业后，云纭去了美国留学，姚宁考虑到自己的事业在国内更有前途，所以根本就没有去国外的打算，而云纭又不想很快回国，所以两个人经过协商，友好地分手了。

一次偶然的机会，一名叫吴晓的女护士闯进了姚宁的视线，经过长时间的观察，姚宁发现吴晓虽然只是中专毕业，但是人长得很漂亮，而且为人热情、大方、善良而又有耐心。他觉得这种女孩非常适合做自己的妻子，因为自己是个事业狂，如果能够娶到吴晓这样的女孩做妻子，她一定会是个贤内助，肯定能成为自己事业发展的好帮手。于是在他的狂热追求下，吴晓终于成了他的恋人。

为了避免不必要的麻烦，姚宁从未对吴晓说起自己过去和云纭的那段恋情。而姚宁和吴晓的感情也越来越热烈，甚至到了谈婚论嫁的地步。也正如姚宁所料，吴晓果然对他的事业帮助很大，休班的时候，吴晓总是到姚宁的住处帮助他打扫房间、洗衣、做饭，有时还帮助他查阅、打印资料，两个人都充分享受着爱情的甜蜜和美满。

可是，有一天，姚宁的一位大学同学从外地来这里出差，晚上在饭店为老同学接风的时候，姚宁带吴晓一起去了。由于久别重逢，姚宁和那位老同学都感到很兴奋，于是两个人都喝得有点过了，那个老同学忽略了吴晓的感受，对姚宁说，他们这些老同学都对姚宁和云纭的分手感到十分遗憾，因为云纭是那样才华横溢，将来肯定能在事业上大有作为，老同学原本都以为他们俩是天造地设的一对，在事业上一定会是比翼双飞。

虽然那位老同学也说，今天见了吴晓后，也就不会再遗憾了，因为吴晓的漂亮和善解人意都是云纭所无法比拟的。但是这丝毫没有减轻吴晓心中的痛苦，她第一次知道在自己之前，姚宁还有过一个聪明而有才华的女朋友，尤其是那个女朋友比自己优秀得多：她比自己学历高，而且还去了美国留学。在吴晓看来，姚宁之所以要对自己隐瞒这段感情，一是因为云纭出国而抛弃了他，他出于一个男人的自尊而不愿意对自己提起，二是因为他至今都忘不了云纭，而自己则完全是姚宁用来掩饰心灵创伤的一张创可贴罢了。她为自己成了云纭在姚宁心目中的替代品而感到可悲。

所以那天回来后,吴晓跟姚宁大闹了一场,尽管姚宁百般解释自己是一心一意地爱着她的,至于云纭,那完全属于过去,自己对她真的已经没有爱的感觉了。但是在吴晓的心中从此就有了疙瘩,在以后交往的过程中,吴晓处处自觉或不自觉地拿云纭说事儿,有时候都让姚宁防不胜防。有时姚宁夸吴晓几句,她就冷不丁地来上一句:"你以前是不是也常常这样夸云纭?"如果有时候吴晓什么事情没做好,姚宁向她提意见,她常常反唇相讥:"对不起,我就是这种水平,谁叫你放走了才女,而交了我这个低学历、没本事的女朋友呢,后悔了吧!"

一次,姚宁要去美国出差,吴晓一边帮他收拾行李,一边问:"就要见到云纭了,心情一定很激动吧?"当时姚宁正急着整理去美国要用的一些资料,就没顾得上搭理吴晓。这让吴晓更加误会了,她又说:"好马也吃回头草,如果现在云纭还是一个人的话,你们这次就在美国破镜重圆了吧!"

这时,姚宁不耐烦地说了一句:"你怎么又拿云纭说事儿,烦不烦啊!"不料,吴晓脸色大变:"我学历低,能力差,不能和你比翼齐飞,你当然烦我了,要烦了就明说,别遮着捂着,搞那一套此地无银的伎俩,我不是那种没有自尊、非要赖上一个男人不可的人。"说着转身离去了。

由于第二天就要启程去美国,所以姚宁就想等回国后再去找她解释,可是令他没有想到的是,等他回国后,她已经火速地经

- 131 -

别人介绍认识了一个男朋友,她对他说:"我现在的男朋友各方面都不如你,我这么急着另找一个人,也是为了逼自己坚决离开你,我必须断了自己的回头之路。"

恋人的前一段感情往往容易导致后来者惦记那个离恋人而去的人,他或她不但自己对以往的人或事耿耿于怀,而且更不断地提醒恋人:"永远不要忘记。"如此一来,那个原本已经成为了过去的、跟现在毫不相干的人便长期纠缠在两个人的爱情生活中,最终导致爱情危机。

三、爱，就是一种感觉

爱可以是一瞬间的事情，也可以是一辈子的事情。相爱不是万能的，真要在一起，靠的并不单单只是感情，而是在爱里懂得为对方而改变。

◎ 一辈子不长，用心去爱

爱情最重要的是心灵的幸福，而不是外物的占有。不论如何开始，爱只有真心相待才能走得更远。

一天，一位先生要寄东西，问邮局工作人员有没有盒子卖，邮局工作人员拿纸盒给他看。他摇摇头说："这太软了，不经压；有没有木盒子？"邮局工作人员问："您是要寄贵重物品吧？"他连忙说："是的是的，贵重物品。"邮局工作人员给他换了一个精致的木盒子。他拿过那个盒子，左看右看，似乎是在测试它的舒适度，最后，他满意地朝邮局工作人员点了点头。接下来，他就从衣袋里掏出了所谓的"贵重物品"——居然是一颗红色的、压得扁扁的塑料心！只见他拔下气嘴上的塞子，挤净里面的空气，然后就憋足了气，一下子吹鼓了那颗心。那颗心躺进盒子，大小正合适。

原来这位先生要邮寄的乃是一颗充足了气的塑料心。

工作人员强忍住笑说："其实您大可不必这么隆重地邮寄您的物品。我来给您称一下这颗心的重量，哦，才6.5克。您把气放掉，装进牛皮纸信封里，寄个挂号不就行了吗？"那位先生惊讶地（或者不如说是怜悯地）看着邮局工作人员，说："你是真的不懂吗？我和我的恋人天各一方彼此忍受着难挨的相思之苦，她需要我的声音，也需要我的气息。我送给她的礼物是一缕呼吸——一缕从我的胸腔里呼出的气吸。应该说，我寄的东西根本没有分量，这个6.5克重的塑料心和这个几百克重的木盒子，都不过是我的礼物的包装呀。"

听完这位先生的讲述，邮局工作人员若有所悟。

爱情里心最重要：细心，可以让爱情长长久久；贴心，可以让爱情甜甜蜜蜜；用心，可以让爱情历久弥新；交心，可以让爱情温暖光亮；真心，可以让爱情喜悦充实；慈悲心，可以让爱情增加厚度。心与心的距离，可以很近，也可以很远，被爱迷惑时，不妨静下心来，听听自己对爱的需求，真心是否涌动。

◎ 幸福总是眷顾有心人

爱并不需要太多的甜言蜜语，不能依靠投机取巧，更重要的是彼此的真心付出。爱是用心去感觉的，而不是用耳朵听来的，就如哈佛格尔所说："爱情无须言语做媒，全在心领神会。"

刻在心底的爱，因为无私无欲，才会真正永恒。想要执手白头，就要相互洞察对方的心，相互付出，相互谅解。也许一路走去，没有那么多鸟语花香，风情万种，但我们可以用心去触摸爱的灵魂，最终到达美丽心灵的境界。

天空中大雨倾盆，两个落魄至极的青年蜷缩在一起，他们又冷又饿，几欲昏倒。大街上不时有行人路过，但却一直对他们视而不见。

这时，一位年轻女护士撑着伞走到二人面前，她为他们撑伞挡雨，直至雨停，随后又为他们买来了面包。两个落魄青年深受感动，他们心中同时有一种情愫在滋生，是的，他们竟同时爱上了她。为了得到自己心中的"女神"，两位青年默默地展开了竞争。

第一位青年试探性地问女护士："小姐，冒昧地问一句，你的男朋友是从事什么职业的？"

"呵呵，我还没有男朋友呢。"

"那你希望未来的男朋友是做什么的呢?"

护士想了想,说道:"他……最好是位医师吧。"

另一位青年深情款款地向女护士表白:"小姐,我爱你!"

"哦,真对不起,我不会爱上一个不讲卫生的人。"

翌日,第二位青年洗漱干净,将自己打扮得焕然一新,又来到女护士身边:"小姐,我爱你!"

"对不起,我不会爱上身无分文的人。"

数日之后,这位青年异常兴奋地跑去对女护士说:"你知道吗?我买彩票中了大奖,有1000万奖金,现在你可以接受我的爱情了吧?"

没想到女护士再次拒决了他:"对不起,或许我只会爱上一位医生,但你还不是医生。"

数年以后,该青年再度出现在女护士面前,而他此时的身份竟是"医师"。

"亲爱的,我想你现在可以答应我的求婚了。"

"很抱歉,我已经嫁人了。"说完,女护士挽着她的丈夫走进医院。这位青年仔细一看,险些昏倒在地。原来,女护士的丈夫竟是当年与他蜷缩在一起的另一位青年!现在,他是这家医院的院长,也是全市赫赫有名的外科医师。

这位青年很是不服,跑去质问第一位青年:"你到底耍了什么手段?给她灌了什么迷药?"

"我用的是心!我的心始终朝着一个方向——做一名优秀的医生,赢得她的爱慕;而你用的是计谋,你过于急功近利,心中只有贪婪！"

爱情需要我们用心去捕获，爱人需要我们用心去征服，能够抓住爱的，绝然不会是计谋。幸福总是眷顾"有心的人"，当然，人生中的其他竞争亦是如此。

◎ 爱不是占有，而是为对方着想

社会的发展让人们的思想慢慢开放起来，在大街小巷随时可能都会听到"我爱你"这样的表白，现在的爱情故事更多的是一些年轻人的浪漫，却很少能够再听到"孟姜女哭长城"、"梁山伯祝英台"这样的爱情佳话，我们现在的爱情多的是一些嘴上的山盟海誓，少了一些心上的动容与感动，也许，我们真的要学会如何去爱一个人了。

她刚从国外回来，与丈夫一块儿回来度假。回家的感觉真的很好，可惜心中总有那么一丝疼痛。事情虽然过去两年了，虽然是一千一万个不愿意，她还是去找了负心的他。

"在国外习惯吗？""还好。你呢？""哦……也还好。"接着，两个人都不知道怎么开口了。

他是她的前夫，相爱的日子，波澜不惊，却十分温馨。两人是大学同学，毕业就结婚了，没有特别的成就，无忧无虑。日子一天天地过去，当两个人都以为生活就这样不会有什么改变的时候，一件事情发生了。

他被查出患有绝症，一下子好像什么都改变了。他放弃了工作，住院治疗。她一下子变成了家里的顶梁柱，兼了好几份工作，陀螺似的旋转，每天还得去医院照顾他。

就在她拼命赚钱为他治病的时候，医院里却传出了他的"桃色新闻"。他与一位同病相怜的女病人好上了。这怎么可能呢？结婚这么多年，喜欢他的人一直都不少，可他从未做过对不起她的事，现在更是不可能的。

然而，那个女病人还和自己的丈夫离了婚，而他也向她提出了离婚……事后，她接受了公司的派遣，去了国外分公司工作。

"这是送给你太太的？"她指了指他手上的一束百合。

他点了点头："她喜欢百合。"脸上流露出幸福的微笑。

她的心突然感到一阵刺痛。那句在心里憋了两年的话就从她嘴里说了出来："知道当初我为什么同意和你离婚吗？因为那个故事——你住院的时候跟我讲过的：从前有两位母亲争一个孩子，县官让她们抢，孩子被拉得痛而哭起来，亲生的母亲心一软，便放弃了……"

他迎着她的目光，两个人的眼角都有泪光在闪动……

送走了她，他捧着百合独自去墓地看望另一个女人——那个被他称作"太太"的、喜欢百合的女人。

两年来，他很少出门。头上的头发也掉光了。"我的日子不多了，我的朋友，今天可能是我最后一次来看你了，谢谢你当初对我讲的那个故事……"他对墓中的女人喃喃自语。

那个故事其实是他进医院后不久，这个女人讲给他听的，当时他们都知道自己患了绝症，女人不想拖累她深爱的丈夫，他也不想拖累深爱的妻子，于是，他们决定先放手……

真正的爱不是占有，而是能让对方快乐。在该放手的时候选择放手，也许就是对对方爱的最好诠释。这样的包容和奉献，胜过世界上任何东西。

爱一个人就要时刻为对方着想，真正的爱在乎的是对方幸不幸福，而不是自己能得到多少，不管天涯海角，只要知道他还在笑就足够了。

◎ 别忘了享受你的爱情

如果你为了赚钱而省略了生活中应有的享受，你的生活就打了九折；如果你牺牲了自由与亲情，你的生活就打了七折；如果你无视自己的梦想和爱情，你的生活就打了对折，事实上，再富足的生活也经不起一再的打折。

如果这些事情发生在你的身上，你是否该想想，如何去拯救爱情、拯救生活。

那年情人节，伟和女朋友一起坐车回家。长久而枯燥的路程让人们疲惫不堪，颠簸的客车卷起大片的灰尘，几乎所有的眼睛都像是熄灭的灯，无数的心灵昏暗一片，整个车厢里的人大概没有谁还记得今天是情人节了。

伟的眼睛是唯一亮着的灯,伟的心灵活力无限,尽管车窗外面尘土飞扬,他却依然努力寻找风景。

女友轻轻拥着伟的臂膀,微闭双眸。透过窗子,在不远的小山上,伟发现了一片盛开着的迎春花。在灿烂的阳光下,迎春花开得异常烂漫。

伟轻轻摇了摇身边的女友,将她唤醒,说:"看,春天已经来了。"

"请给我几分钟时间,只要几分钟。"伟走到司机旁边,诚恳地请求道,车厢里响起一片抱怨。怕司机不同意,伟承诺自己出20元钱,与司机交换这几分钟时间。

司机答应了。

伟利索地跳下客车,朝那盛开着迎春花的小山坡跑去。过了七八分钟,他喘着气回来了,手里捧着一束灿烂的迎春花。

伟把这束花献给了女朋友,她瞬间被这突来的惊喜烧红了脸。

车厢里突然响起了一片热烈而持久的掌声。所有的眼睛被重新点亮,无数的压抑都得到了释放。

当伟掏出20元钱递给司机时,司机拒绝了,他说:"给我两枝花吧,我回去送给我老婆。"

伟和女友将这束花一枝一枝地分给车上的每一个人,这些花最终会到他们的爱人、父母、孩子手中……

在这个忙碌的时代,必要的时候,让心灵停留,哪怕只有几分钟，这个时候，你会发现很多美的风景，会发现很多爱的故事。

活着，别忘了享受你的爱情，更别忘了享受你的生活，因为，光阴会一去不复返。

◎ 浪漫是爱，不浪漫也是爱

现在的年轻人，总是对恋人充满了浪漫的幻想。他们不但要求自己的情侣细致体贴，还要浪漫富于情趣，否则便觉得爱情索然无味，甚至觉得不值得将爱情进行到底。

其实，这样的人往往走进了情感的死胡同，只一味寻求浪漫，却忽略了情侣深沉真挚的爱。

他是个很不错的人，对她也体贴，但是他话不多，也没有幽默感。而她偏偏喜欢日子充满情趣和浪漫，日子久了，她觉得他们相处的日子显得沉闷而压抑。

她开始感到不满了，说："你怎么一点情调都没有呢？爱情不应当是这样的。"

他尴尬地笑笑："我怎么才算有情调？"

后来，她想离开他。他忧伤地问："为什么？"

她说："我讨厌这种死水般的生活。"

他又问："能不能不走？"

她说:"不可能!"

他接着问:"能不能有另外一种可能?如果今晚下雨了,就说明天意留人。"

她看看阳光灿烂的天空:"如果没有下雨呢?"

他无奈地说:"那我只好听从天意。"

到了晚上,她躺下了,但又睡不着,忽然听到窗外哗啦啦的雨滴声,她一惊:真下雨了?她起身走到窗前,窗户上正淌着水,望望夜空,不对呀,正满天繁星,这就怪了。她忙走出门外,爬上楼顶,天啊!他正在楼上一勺一勺地往楼下浇水。她心里一动,从背后轻轻地抱住他。

此刻她才发现,他对她的真诚和在乎就是最好的浪漫。

浪漫是爱情的调味品,没有人不喜欢浪漫,无论是年轻人还是老年人,无论是富人还是穷人,只是表达的方式各有不同。但浪漫并不是生活的全部,平实的关爱才是最动人的,如果爱是真诚的,那么就不要在乎是平实还是浪漫。

在很多人看来,恋爱和浪漫几乎是等同的两个词。放眼望去,周围的情侣几乎都有比言情小说还要炫目的浪漫体验。似乎每个人的爱情都有特别之处,有的有着奇异的相识经过,有的有着曲折的追求过程,有的沉浸于鲜花、烛光晚餐、小夜曲和郊游的幸福之中。但是几乎每个人都觉得自己的恋爱很平庸,即使是那些被羡慕的情侣也不觉得自己有什么特别浪漫之处,这真是件奇怪的事情。

其实爱情本来就是很平实的东西,开篇的时候有一些浪漫的亮点，但更多的是平淡无奇，而你看到的总是别人生活中的亮点，体味的总是自己生活中的平淡。其实浪漫与不浪漫又有什么？追求幸福才是爱情的真谛。

◎ 像爱孩子一样爱他（她）

婚姻中的双方，应该是多角色的扮演者：孤独时你是他（她）的朋友；困难时你是他（她）的兄弟或姐妹；思念时，你是他（她）的爱人，这样的角色，确实复杂，但是要扮演好这个角色，其实也很简单，只要你愿意把爱人当成孩子，像爱孩子一样爱他（她）。

想一想，你是怎样爱孩子的：

当孩子惹你生气以后跑出去疯玩时，你还是会为他留下可口的饭菜，对孩子，你很大度；

当孩子犯了一些严重的错误时，你还是会原谅他，因为他还小，对孩子，你充满了理解；

无论你对孩子多好，他都有可能没心没肺不知心疼你，而你会一如既往地为他洗洗涮涮，买衣做饭，为他做你能做到的一切，对孩子，你给予了无限包容；

……

婚姻中的双方，如果都能像爱孩子一样爱着对方，给予对方无限的大度、理解、包容、温柔和爱护，那么又怎会找不到幸福的感觉？

她的体质不好，一到换季就发烧、咳嗽。每次她生病，除了变着花样做可口的饭菜之外，一天为她量几次体温更成了他的必修课。

每次他都先摸摸她的掌心，再用额头贴贴她的额头，最后，再用体温计给她量一遍。有时，她心情不好，就拿他撒气："你烦不烦啊，当我是'变温'动物呢？"他不气不恼，脸上堆笑，边给她掖被子边说："不烦不烦，跟老婆亲密接触我欢喜着呢。"她嘴上说他耍贫嘴，可那种暖暖的熨帖，却立刻传遍了她全身。

当年他向她求婚时，曾经说过："我知道你身体不好，只要你同意嫁给我，我会为你制订一个长期的'养妻'计划，把你由'药罐子'养成'蜜罐子'。"就冲这句话，她毫不犹豫地嫁给了他。

结婚的第一天，他便开始兑现自己的承诺：

为了改掉她睡懒觉的坏习惯，经常加夜班的他坚持每天早晨六点起床陪她一起跑步；每月她的"非常时期"，他不许她沾一点冷水，让她享受公主般的待遇；流感季节，他给她买卡通口罩，在家里实施醋熏疗法，对病毒"严防死守"；刚入秋，他就开始熬姜汤、炖蜜梨，为她防"寒"于"未然"；她偶尔生病，他更是宝贝似的呵护着，一刻不离左右地伺候着。婚后半年，她脸色变红润了，细瘦的胳膊腿也圆润起来，浑身散发着生命的活力。她一脸娇嗔地问："你就不怕惯坏了我？"他嘿嘿一笑，说："娶老婆，就是为了身边有个想怎么宠就怎么宠的人啊。"

当病后初愈的她胃口大开,津津有味地把眼前的美食一扫而光时,他就像得到了莫大的奖赏,眼窝里洋溢的都是满足与笑意;当她对着镜子懊恼衣服有些"紧"、腰身显胖时,他则乐得跟小孩子似的,抱起她一连转几个圈儿,说是犒劳自己"养妻有方"。

那晚,她饶有兴致地看电视里的一档娱乐节目。场上的嘉宾各怀绝技,其中有一位"活秤王"卖鱼不用秤,用手一掂量就能说出斤两,且不差毫厘。她边看边啧啧称赞,他冷不丁地冒出一句:"我也有绝活呢。"她想他又在故弄玄虚,便故意不理他。

"怎么,不信啊?"他凑到她耳边,说:"你的体温,我不用体温计量,就能说出多少度。我每次给你量体温,先用'手'量,再用'脑门'量,然后才用体温计测,就是为了练就这一身绝活呢。晚上,你睡着了,我不知道你的烧退了没有,又怕用体温计弄醒了你,就用我这个'活体温计'一遍遍给你量。结婚的时候,岳母大人跟我说,你小时候得过肺炎,导致胸腔积水,最怕的就是发高烧,我想,我有了这个绝活,天天给你量体温,不就放心啦?"他絮絮叨叨地说着,而泪水早已模糊了她的视线。

他拥她入怀,吻了吻她的额头,说:"三十六度五。"她闭上了眼睛,任幸福的潮水将自己淹没。

这样的爱人,你能否做得到?其实爱的极致就是消除自爱与爱他(她)的界限,就像爱孩子一样爱你的爱人:

呵护他(她),哪怕是男人,也需要温暖。

陪他(她)成长,容纳他(她)一切的不良习惯,用你的温柔和诚意引导他(她)改掉那些毛病。

照顾他（她），每天早起为他（她）做可口的早餐；晚睡为他（她）准备好第二天要穿的衣物。

做他（她）的倾听者，与他（她）分享快乐、分担痛苦。他（她）有了开心事，你要比他（她）还开心；他（她）有了烦恼，你要及时地安抚、积极地鼓励；累的时候抱着他（她）安然入睡，玩的时候陪他（她）忘乎所以。

给他（她）足够的时间与空间，尊重彼此的独立，给他（她）一定的自由。

包容他（她），允许他（她）犯错误，只要不是原则性的问题，给予他（她）改正的机会。

激励他（她），及时赞美他（她）哪怕一丁点的优点，让他（她）随时自信满满。

相信他（她），杜绝无端的猜忌。

总之，像爱孩子一样去爱他（她），只要他（她）是一个值得这样去爱的人。

◎ 爱是平凡中的一缕幽香

爱是什么？它就是平凡的生活中，不时溢出的那一缕缕幽香。

真正的爱情可以穿越外表的浮华，直达心灵深处。然而，喜爱猜忌的人们却在人与人之间设立了太多屏障，乃至于亲人、爱人之间也不能以坦然相对。除去外表的浮华，卸去心灵的伪装，才可以实现真正的人与人的融合。

那年情人节，公司的门突然被推开，紧接着两个女孩抬着满满一篮红玫瑰走了进来。

"请茹茹小姐签收一下。"其中一个女孩礼貌地说道。

办公室的同事都看傻眼了，那可是满满一篮红玫瑰，这位仁兄还真舍得花钱。正在大家发怔之际，茹茹打开了花篮上的录音贺卡："茹茹，愿我们的爱情如玫瑰一般绚丽夺目、地久天长——深爱你的峰。"

"哇塞！太幸福了！"办公室开始嘈杂起来，年轻女孩子都围着茹茹调侃，眼中露出难以掩饰的羡慕光芒。

年过30的女主管看着这群丫头微笑着，眼前的景象不禁让她想起了自己的恋爱时光。

老公为人有些木讷，似乎并不懂得浪漫为何物，她和他恋爱的第一个情人节，别说满满一篮红玫瑰，他甚至连一枝都没有买。更可气的是，他竟然送了她一把花伞，要知道"伞"可代表着"散"的意思。她生气，索性不理他，他却很认真地表白："我之所以送你花伞，是希望自己能像这伞一样，为你遮挡一辈子的风雨！"她哭了，不是因为生气，而是因为感动。

诚然，若以外表而论，一把花伞远不及一篮红玫瑰来得养眼，但在懂爱的人心中，它们拥有同样的内涵，它们同样是那般浪漫。

爱，不应以车、房等物质为衡量标准；在相爱的人眼中，不应有年老色衰、相貌美丑之分。爱是文君结庐当垆的执着与洒脱，爱是孟光举案齐眉的尊重与和谐，爱是口食清粥却能品出甘味的享受与恬然，爱是"执子之手，与子携老"的生死契阔。在懂爱的人心中，爱俨然可以超越一切的世俗纷扰。

当一生的浮华都化作烟云，一世的恩怨都随风飘散，若能依旧两手相牵，又何惧姿容褪尽、鬓染白霜……

第三辑
谁的年少不轻狂

青春的记忆里,承载着太多的冲动与后悔,寂寞苍华,或许只是因为年少轻狂。当青春年华逝去,回头才发现,彼时的自己,对待那些人、那些事,是多么的不成熟。

年少的花,肆意地开,开出了一段一段的错,然而这些青涩的感伤终会促使我们成长,直到我们更加强壮。

一、别让整个青春，都在为冲动埋单

"事情常常从愤怒开始，以羞辱结束"。因为一时意气，就冲动，就头脑发昏，就控制不了自己的脾气，就会犯傻，就会出丑，就会"小不忍而乱大谋"。相信每个人都可以列出一串长长的后悔莫及的事，许多追悔不已且无法补救的事都是彼时意气用事的后果。

◎ 顺应潮流，才不会四处碰壁

理性的人大多懂得顺势而为，坦然面对屋檐的存在。他们随机应变、顺应潮流，因而，他们的人生之路大多走得比较顺畅。

一次，一位气宇轩昂的年轻人，昂首挺胸、迈着大步去拜访一位德高望重的老前辈，不料一进门，他的头就重重地撞在了门框上，疼得他一边不住地用手揉搓，一边看着比他的身子还矮一大截的门。恰巧这时，那位前辈前来迎接他，见之，笑笑说："很疼吧？可是，这将是你今天来访问我的最大收获。"

年轻人不解，疑惑地望着他。

"一个人要想平安无事地生活在世上，就必须时刻记住：该低头时就低头，这也是我要教你的事情。"老人平静地阐述道。

这位年轻人，就是被称为"美国之父"的富兰克林。

据说，富兰克林把这次拜访得到的教导看成是一生中最大的收获，并把它作为人生的生活准则去遵守。

富兰克林曾将所有的积蓄用来投资一家小印刷厂。那时候，他非常想争取到为议会印文件的工作，可是事情并不像想象中那么顺利。议会中有一位很有钱又能力出众的议员，非常不喜欢富兰克林，并且曾在公开场合斥骂过他。

显然，这种情形对富兰克林而言是非常不利的，因此，富兰克林决心用尽一切办法使对方喜欢上自己。

那么，富兰克林是怎么做的呢？下面就是富兰克林亲述的经过："那时，我听说他的图书室中收藏了一本非常稀奇而特殊的书，于是我就寄了一封信给他，表示我极其渴望能够一睹为快，请求他将那本书借给我几天，好让我仔细地阅读一下。

"他没有拒绝，不久便叫人将书送了过来。大约过了一个星期，我把书还给他，同时又附上一封信，在信中我强烈地表达了自己的谢意。

"就这样，当我们再一次在议会中相遇时，他居然首先跟我打起了招呼，要知道，以前他可从来没有这样做过。从那以后，但凡我有什么请求，他都会不遗余力地帮忙，于是我们成了非常不错的朋友。一直到他去世为止。"

◎ 与人方便，自己也方便

太过较真，于人于己都没有什么好处，不如就当一回"懦夫"，与人方便，自己也方便。

明朝年间，有一位姓尤的老翁开了个当铺，有好多年了，生意一直不错，某年年关将近，有一天尤翁忽然听见铺堂上人声嘈杂，走出来一看，原来是站柜台的伙计同一个邻居吵了起来。伙计连忙上前对尤翁说："这人前些时典当了些东西，今天空手来取典当之物，不给就破口大骂，一点道理都不讲。"那人见了尤翁，仍然骂骂咧咧，不认情面。尤翁却笑脸相迎，好言好语地对他说："我晓得你的意思，不过是为了度过年关。街坊邻居，区区小事，还用得着争吵吗？"于是叫伙计找出他典当的东西，共有四五件。尤翁指着棉袄说："这是过冬不可少的衣服。"又指着长袍说："这件给你拜年用。其他东西现在不急用，不如暂放这里，棉袄、长袍先拿回去穿吧！"

这人拿了两件衣服，一声不响地走了。当天夜里，他竟突然死在另一人家里。为此，死者的亲属同那人打了一年多官司，害得那人花了不少冤枉钱。

原来，这个邻人欠了人家很多债，无法偿还，走投无路，事先已经服毒，知道尤家殷实，想用死来敲诈一笔钱财，结果只得了两件衣服。他只好到另一家去扯皮，那家人不肯相让，结果就死在那里了。

后来有人问尤翁说："你怎么能有先见之明，容忍这种人呢？"尤翁回答说："凡是蛮横无理来挑衅的人，他一定是有所恃而来的。如果在小事上不稍加退让，那么灾祸就可能接踵而至。"人们听了这一席话，无不佩服尤翁的见识。

中国有句格言："忍一时风平浪静，退一步海阔天空。"不少人将它抄下来贴在墙上，奉为处世的座右铭。这句话与当今商品经济下的竞争观念似乎不大合拍，事实上，"争"与"让"并非总是不相容，反倒经常互补。在生意场上也好，在外交场合也好，在个人之间、集团之间，也不是一个劲"争"到底，退让、妥协、牺牲有时也很有必要。而个人修养和处世之道，让则不仅是一种美好的德性，而且也是一种宝贵的智慧。

◎ 和别人赌气，输掉的是自己

赌气是一种极不明智的举动，既伤身又伤心。因赌气而自毁长城的人，更是愚蠢至极。一次冲动的赌气行为，甚至可以令你瞬间由天堂跌入地狱……

有一天，上班时间，一位气质极好、一看就属白领阶层的青年女子来找一位同事。正巧同事不在，她便留下了姓名。等同事回来，同屋的人把情况做了通报，还意犹未尽地说了一句"不去当演员，真可惜了！"同事笑道："你怎么知道她没有去当演员？事实上她不仅做过演员，而且还曾与一个非常重要的角色失之交臂。"说着，他报出了那个角色，同屋的人心中猛然一震——那可是个可以令一个原本籍籍无名的女演员一夜走红的角色啊！

　　那么，她又是怎样错过的呢？当时，慧眼识珠的导演挑女主角，挑来挑去，最后只剩下两位候选人——她与日后走红的那位。论外形、论气质，她都略胜一筹。然而，脸上几颗隐瞒不了的青春痘造成了导演的犹豫，不过导演虽然犹豫，但还是偏向她的。不巧，这时外界又传出了她与导演有染的流言。一贯无瑕的她一赌气，退出竞争，旋即又辞职，匆匆地打道回府了。

　　10年来，她远离机会频频、可以尽展才华的演艺圈，成了一名普通白领。她偏离了自己的轨道，从事着自己并不喜欢的职业，其中郁积的遗憾和委屈又岂是一口气能够赌掉的？况且，她的婚姻也因此没能收获多少幸福。

　　小时候听过一个故事，说有一个人提着网去打鱼，不巧下起了大雨，他一赌气将网撕破。网撕破了还不够，又因气恼一头栽进池塘，从此就再也没有爬上来。小时候想，世上哪有这样的傻子，这一定是个哄人的故事。现在想起来，这个故事还是很有意义的。

　　下雨不能打鱼，等天晴就是了。不要让雨下进灵魂里，不要让一口气久久不蒸发，从而输掉青春、输掉爱情，以及可能的辉煌和触手可及的幸福。

◎ 不是所有事情都要分出是非黑白

寺庙中的两个小和尚为了一件小事吵得不可开交，谁也不肯让谁。第一个小和尚怒气冲冲地去找方丈评理，方丈在静心听完他的话之后，郑重其事地对他说："你说的对！"于是第一个小和尚得意扬扬地跑回去宣扬。第二个小和尚不服气，也跑来找方丈评理，方丈在听完他的叙述之后，也郑重其事地对他说："你说的对！"待第二个小和尚满心欢喜地离开后，一直跟在方丈身旁的第三个小和尚终于忍不住了，他不解地向方丈问道："方丈，您平时不是教我们要诚实，不可说违背良心的谎话吗？可是您刚才却对两位师兄都说他们是对的，这岂不是违背了您平日的教导吗？"方丈听完之后，不但一点也不生气，反而微笑地对他说："你说的对！"第三位小和尚此时才恍然大悟，立刻拜谢方丈的教诲。

从每一个人的立场来看，他们都是对的。只不过因为每一个人都坚持自己的想法或意见，无法将心比心、设身处地地去考虑别人的想法，所以没有办法站在别人的立场去为他人着想，冲突与争执也就在所难免了。如果能够以一颗善解人意的心，凡事都以"你说的对"来先为别人考虑，那么很多不必要的冲突与争执就可以避免了，做人也一定会更轻松。

因此，凡事都要争个是非的做法并不可取，有时还会带来不必要的麻烦或危害。如当你被别人误会或受到别人指责时，这时如果你偏要反复解释或还击，结果就有可能越描越黑，事情越闹越大。最好的解决方法是，不妨把心胸放宽一些，不去理会。

比如对于上班族来说，虽然人和人相处总会有摩擦，但是切记要理性处理，不要非得争个你死我活才肯放手。

2002年3月，一位旅游者在意大利的卡塔尼山发现一块墓碑，碑文记述了一位名叫布鲁克的人是怎样被老虎吃掉的事件。由于卡塔尼山就在柏拉图游历和讲学的城邦——叙拉古郊外，很多考古学家认为，这块墓碑可能是柏拉图和他的学生们为布鲁克立的。

碑文记述的故事是这样的：布鲁克从雅典去叙拉古游学，经过卡塔尼山时，发现了一只老虎。进城后，他说，卡塔尼山上有一只老虎。城里没有人相信他，因为在卡塔尼山从来就没人见过老虎。布鲁克坚持说见到了老虎，并且是一只非常凶猛的虎。可是无论他怎么说，就是没人相信他。最后布鲁克只好说，那我带你们去看，如果见到了真正的虎，你们总该相信了吧？

于是，柏拉图的几个学生跟他上了山，但是转遍山上的每一个角落，却连老虎的一根毫毛都没有发现。布鲁克对天发誓，说他确实在这棵树下见到了一只老虎。跟去的人就说，你的眼睛肯定被魔鬼蒙住了，你还是不要说见到老虎了，不然城邦里的人会说，叙拉古来了一个撒谎的人。

布鲁克很生气地回答：我怎么会是一个撒谎的人呢？我真的见到了一只老虎。在接下来的日子里，布鲁克为了证明自己的诚实，逢人便说他没有撒谎，他确实见到了老虎。可是说到最后，人们不仅见了他就躲，而且背后都叫他疯子。布鲁克来叙拉古游学，本来是想成为一位有学问的人，现在却被认为是一个疯子和撒谎者。这实在让他不能忍受。为了证明自己确实见到了老虎，在到达叙拉古的第10天，布鲁克买了一支猎枪来到卡塔尼山。他要找到那只老虎，并把那只老虎打死，带回叙拉古，让全城的人看看，他并没有说谎。

可是这一去，他就再也没有回来。三天后，人们在山中发现一堆破碎的衣服和布鲁克的一只脚。经城邦法官验证，他是被一只重量至少在500磅左右的老虎吃掉的。布鲁克在这座山上确实见到过一只老虎，他真的没有撒谎。

布鲁克在这场争论中取得了胜利，不过代价却是他宝贵的生命。

不要试图把是非对错争个明白，做一个聪明的老实人吧！不要理会别人的挑衅，你只要做好自己就可以了，聪明人是绝不会为了别人说什么，就去斗个头破血流的。

◎ 适时放弃，其实也是一种进步

俗话说：条条大路通罗马。同样的一件事，会有很多种解决方法，同样的人生，亦有很多种活法可选择。我们说坚持就是胜利，但若是选错了努力的方向，则再怎么付出也是枉然。若如此，就该果断地选一条新路，懂得适时放弃，其实也是一种进步。

如果方向错了的话，越是努力，距离真正的目标就越远。这时候是考验我们内心的时候。壮士断腕、改弦更张，从来都是内心勇敢者才能做出的壮举。懂得坚持和努力需要明智，懂得放弃则不仅需要智慧，更需要勇气。若是害怕放弃的痛苦，抱残守缺，心存侥幸，必将遭受更大的损失。

有这样一个可笑的故事：

两个贫苦的樵夫在山中发现两大包棉花，二人喜出望外，棉花的价格高过柴薪数倍，将这两包棉花卖掉，可保家人一个月衣食无忧。当下，二人各背一包棉花，匆匆向家中赶去。

走着走着，其中一名樵夫眼尖，看到林中有一大捆布。走近细看，竟是上等的细麻布，有十余匹之多。他欣喜之余和同伴商量，一同放下棉花，改背麻布回家。

可同伴却不这样想，他认为自己背着棉花已经走了一大段路，如今丢下棉花，岂不白费了很多力气？所以坚持不换麻布。前者在屡劝无果的情况下，只得自己尽力背起麻布，继续前行。

又走了一段路，背麻布的樵夫望见林中闪闪发光，待走近一看，地上竟然散落着数坛黄金，他赶忙邀同伴放下棉花，改用挑柴的扁担来挑黄金。

同伴仍不愿丢下棉花，并且怀疑那些黄金是假的，遂劝发现黄金的樵夫不要白费力气，免得空欢喜一场。

发现黄金的樵夫只好自己挑了两坛黄金和背棉花的伙伴赶路回家。走到山下时，无缘无故下了一场大雨，两人在空旷处被淋了个湿透。更不幸的是，背棉花的樵夫肩上的大包棉花吸饱了雨水，重得无法再背动，那樵夫不得已，只能丢下一路舍不得放弃的棉花，空着手和挑黄金的同伴向家中走去……

当机遇来临时，不一样的人会做出不同的选择。一些人会单纯地选择接受；一些人则会心存怀疑，驻足观望；一些人固守从前，不肯做出丝毫新的改变……毫无疑问，这林林总总的选择，自然会造就出不同的结果。其实，许多成功的契机，都是带有一定隐蔽性的，你能否做出正确的抉择，往往决定了你能否会成功。

有时候，倘若我们能够放下一些固守，甚至是放下一些利益，反而会使我们获得更多。所以，面对人生的每一次选择，我们都要充分运用自己的智慧，做出准确、合理的判断，为自己选择一条广阔道路。同时，我们还要随时随地观心自省，检查自己的选择是否存在偏差，并及时加以调整，切不要像不肯放下棉花的樵夫一样，时刻固守着自己的执念，全不在乎自己的做法是否与成功法则相抵触。

学会适时放弃，就如同打牌一样，倘若摸到一手坏牌，就不要再希望这一盘是赢家，懂得撒手，不要再去浪费自己的精力。当然，在牌场上，有很多人在摸到一手臭牌时会对自己说，这盘肯定要输了，干脆不管它了，抽口烟、喝点水、歇口气，下盘接着来。但是，在真实生活中，像打牌时这般明智的人却很少找到。

其实，人生不能只进不退，我们多少要明白点取舍的道理。当你为某一目标费尽心血，却丝毫看不到成功的希望时，适时放弃也是一种智慧，或许这一变通，便为你打开了新的篇章。

张翰与欧阳晓木是大学同学，二人毕业后都想成为公务员，进入政府部门工作。一次，二人在网上看到某市委调研室的招聘信息，于是便一起报了名。

两人一同走进考场。这一次，他们都落榜了。但二人丝毫没有放弃的意思，相互鼓励对方明年接着再考。第二年，他们再一次走进考场。这次，他俩都顺利通过了第一轮的笔试。接着就该准备第二轮的面试了，两个人都在积极地准备着。

面试结束一周后，入围人员名单公布，发现只有张翰一个人被录取。此时，张翰对欧阳晓木说："没关系的，你再努力一年，一定会考上！"欧阳晓木赞同地点了点头。

执着的欧阳晓木准备第三次走进考场，巨大的心理压力下，他考得比以往任何一次都要糟糕，至此，他开始对自己的目标进行反思，经过一番思想斗争，他决定放弃考公务员这条道路。

在落榜后的第二天，他就告诉自己要打起精神准备开始新的生活。于是他开始找工作。没想到一切都很顺利，不到两周，他就被一家知名外企录用了。

人生就是在成与败之中度过，失败了很正常，失败以后不气馁、继续坚持的精神也固然可嘉，但是，不看清眼前形势、不论利弊，一味埋头傻干，那就不能称之为执着了。如此，换来的很可能是再一次的折戟沉沙。所以，请不要一条路走到黑，放开眼界，当前路被堵死时换条路走，或许你就会收获幸福。

在人生的每一次关键选择中，我们应审慎地运用自己的智慧，做最正确的判断，选择属于你的正确方向。放下无谓的固执，冷静地用开放的心胸去做正确的抉择。正确无误的选择才能指引你走在通往成功的坦途上。

其实有时候，退几步，就是在为奔跑做准备；松开手，重新选择，人生反而会更加明朗。衡量一个人是否明智，不仅仅要看他在顺风时如何乘风破浪，更要看他在选错方向时懂不懂得转变思路，适时调转方向。

二、有种自甘堕落，叫好高骛远

好高骛远的人，头脑里常常动着各种念头、各种谋略，自认为胸怀大志，其实志大才疏。做事，应从近处着手、远处着眼，光是有远大的志向和愿望，而没有踏实的动作，那永远都是一种虚幻的狂想或妄想，纵然胸怀大志，仍然是个无能的人。

◎ 用脚踏实地来回应梦想

人有大志，固然值得肯定，但空想不是志向，只是白日做梦而已。生活中那些崇尚空想、脱离实际、好高骛远、志大才疏的人未免可怜可叹。

看过一篇报道：一个15岁的少年为了实现自己当歌星的"梦"，以割腕自杀为要挟逼迫父母拿钱出来送他去北京学音乐，继而离家出走，最后流落到收容站，彻底中断了学业。

有位邻居，四十几岁的模样，每天日出而歌，日落而息。与那个少年一样，多年以来他的心里始终藏着一个美丽的音乐梦，不同的是，这一路走来，他将自己的梦想融入到了平凡的生活中，在他洗漱完毕高歌那首《我的太阳》时，在他心里自己俨然就是帕瓦罗蒂。而少年，却已被自己的"梦想"所戕害。

还有一处很大的不同：中年男人的音乐梦只是为歌而歌；而少年，恐怕他的梦想并不在于艺术，而是明星身上那令人炫目的光环、粉丝那排山倒海的呐喊，以及随之而来的无边名利。

所幸，少年还只是少年，还有机会从黄粱梦中醒来，而又有多少人迷失已久，待迷途知返时，才知道，积重已然难返。

人往高处走，水往低处流，每个人都希望自己能迅速达到成功的最高峰，这是人之常情，无可厚非。可是理想再高远，如果不是踏踏实实、一步一个脚印地往前迈，那这个理想再美好，也不过是海市蜃楼，只能空想罢了。

从哲学的角度上说，梦想未必需要伟大，更与名利无关，它应该是心灵寄托出的一种美好，人们从中能够得到的，不只是形式上的愉悦，更是灵魂上的满足。

还记得多年前曾报道过一个陕北女人的故事。那个30岁的女人很小时就梦想着能够走出大山，像都市中那些职业女子一样去生活。可彼时的她，有疾病缠身的老公要照顾，有咿呀学语的孩子要抚养，这个家需要她来支撑。走出大山的梦，对于一个文化程度不高、家庭负担沉重的山里女人来说，不仅遥不可及，而且也不现实。

十年之后的这个女人，满脸都是骄傲和满足。不过，她并没有走出大山，而是在离村子几十公里的县城做了一名销售员。成为都市白领的梦想，恐怕这一生都无法实现了，但取而代之的却是更贴近生活、更具现实感的圆梦的风景——她终于看到了山外的风景，也终于有了自强自立的平台。

很多时候，我们无法改变所处的客观环境，但可以改变自己，可以变通自己的思维方式和价值观念。只有敢于改变自己，不断接受新的挑战的人，才能从一个成功走向另一个成功，从一个辉煌走向另一个辉煌。有时候，一个人纵然有浩然气魄，如果脱离了实际生活，那么他的梦想也不过就是美梦一场。

梦想就像那放飞的风筝，你可以把它放得很高，但不要让它脱离你的掌控，有时还要尽可能地拉回奢望的线，让梦想接点地气。这样的人生才更具有生气和活力，这样的梦想才能得到实现。

◎ 虚妄欲望会将切实理想打得粉碎

梦想始于幻想，但不该终于幻想，梦想要看得见、摸得着，且必须与计划相辅相成。否则梦想越远大，失望也就越大。

在一堂推销员培训课上，有个同学举手问老师："老师，我的目标是在一年内赚 100 万！请问我应该如何计划我的目标呢？"

老师问他:"你相不相信你能达成?"他说:"我相信!"老师又问:"那你知不知道要通过哪个行业来达成?"他说:"我现在从事保险行业。"老师接着又问他:"你认为保险业能不能帮你达成这个目标?"他说:"只要我努力,就一定能达成。"

"我们来看看,你要为自己的目标做出多大的努力,根据我们的提成比例:100万的佣金大概要做300万的业绩。一年:300万业绩。一个月:25万业绩。一天:8300元业绩。"老师说。"每一天:8300元业绩。大既要拜访多少客户?"老师接着问他。

"大概要50个人。"

"那么一天要50人,一个月要1500人,一年呢?就需要拜访18000个客户。"

这时老师又问他:"请问你现在有没有18000个A类客户?"他说:"没有。""如果没有的话,就要靠陌生拜访。你平均一个人要谈上多长时间呢?"他说:"至少20分钟。"老师说:"每个人要谈20分钟,一天要谈50个人,也就是说你每天要花16个多小时在与客户交谈上,还不算路途时间。请问你能不能做到?"他说:"不能。老师,我懂了。这个目标不是凭空想象的,是需要凭着一个能达成的计划而定的。"

天上的星星固然美丽,但如果我们想要把它摘下来,这显然是不现实的。制定成功的目标,不能虚空想象,也不能好大喜功,不要把某种不切实际的欲望当成要付诸行动的目标。确定目标最为重要的,是对自身实力有个正确的评估。大到一个国家,小到一个人,在确立目标之时,必须首先考虑目标的可行性,认清实现目标的基础，分析这样的基础自己目前是否已经具备，衡量目标与现实之间的差距，客观判断：凭借自己的能力是否可以消除这种差距。只有这样，我们才能避免滑铁卢式的失败。

◎ 循序渐进，才能攀上人生高峰

在实现目标的过程中，我们常会犯下"大多数人"的错误。我们壮志满怀、激情澎湃，却往往忽略了目标现阶段的可行性，最终只是徒费精力，事倍而功半。

捷克有一位名叫齐克的年轻人，他在18岁时，已与同伴一起登上了堪称"欧洲第一高峰"的"勃朗峰"。此后，他们毫不停歇，先后登上9座海拔在4000米以上的欧洲高峰。此时，欧洲已经不能满足他们的攀登欲望，于是，这群小伙子将目标锁定在了世界第一高峰——珠穆朗玛峰之上。

攀登珠穆朗玛峰要走很多程序，首先要有签证，其次还要到相关部门申请批文，而且审核人员对登山运动员的条件要求也相当"苛刻"。于是，齐克只得向自己的父亲——一位国际登山者协会的常务理事求助。他在信中对父亲说道："身为一名登山运动员，若没有征服珠穆朗玛峰，就永远不能说是成功。"

不久，父亲即回信给齐克，他在信中讲述了"贝纳尔巧答卢浮宫失火竞猜题"的故事。看着父亲的回信，齐克沉思良久，他体会到了父亲的良苦用心。父亲是想提醒他——获得成功的最佳目标，不一定是最有价值的那个，而是最容易实现的那个。

在经过理智、客观的分析以后，齐克不得不承认，以他们现在的装备和素质要去征服珠峰，确实是激情大于实力，失望大于希望。既如此，与其徒劳无功，不如脚踏实地地从最容易实现的目标开始。于是，齐克对其他三名队友说道："现在我们不一定非要一步登天，不如先尝试征服乞力马扎罗山。"

对此，三个队友嗤之以鼻，他们鄙视齐克，认为他是"胆小鬼"、"鼠目寸光"、"胸无大志"。结果，大家始终没有达成共识，最终不欢而散、各奔东西。

在此后几年的时间里，齐克一直谨遵父亲教导，以自身实力为标准，从最容易实现的目标开始。他先后登上了海拔5895米及6893米的乞力马扎罗山和盐泉山，凭借不俗的成绩，被国际登山者协会吸纳为理事会员，并受到捷克国家登山队邀请，担任副教练一职。

2008年初，齐克再一次打破了自己的成绩，他在不配备后援人员的情况下，成功征服了第七高峰——海拔8172米的道拉吉里峰。

回到家中以后，齐克拿起放在桌上的报纸，报纸上大幅刊载了有关他此次登山的图文报道。齐克对此早已司空见惯，但是《捷克探险报》上的一则消息却令他顿时呆若木鸡——"在齐克征服道拉吉里峰的同时，另三名登山队员，在珠穆朗玛峰海拔8300处失足坠崖，不幸罹难，他们的名字是……"他们，正是齐克以前的三名队友……

2008年6月，齐克迎来了他实现梦想的日子，他来到珠穆朗玛峰脚下，凭借多年来积累的娴熟技巧及丰富经验，一步步攀到了海拔8844.43米处。站在珠峰之上，齐克感慨万千，此时他不禁想起了葬身峰底的队友——他一度是他们眼中的"胆小鬼"，是"鼠目寸光"、"胸无大志"的人，但今天，他却站在了他们所未能达到的高度上。

我们完全没有必要也不应该在一开始就去追求目标价值的最大化，从最易实现的目标做起，由浅入深，一路探索、一路攀登、一路追逐，那么总有一天会达到自己心目中的高度。这时我们就会明白，唯有顺理才能成章，只有水到才能渠成。

◎ 不幸从好高骛远开始，到寸步难行结束

如果谁好高骛远，谁就在人生道路上犯了一个大错误。不要以为可以不经过程而直取结果，不从卑俗而直达高雅，舍弃细小而直达广大，跳过近前而直达远方。心性高傲、目标远大固然不错，但有了目标，还要为目标付出努力，如果你只空怀大志，而不愿为理想的实现付出辛勤劳动，那"理想"永远只能是空中楼阁，可望而不可即。

张爽大学毕业后，被分配到一家电影制片厂担任助理影片剪

辑。这本来是一个人在影视界寻求发展的起点，但在 10 个月后，她却离开了这个岗位，辞职了。

她认为自己这样做的理由很充分：堂堂一个大学毕业生，受过多年的高等教育，却在干一个小学毕业生都能干的事情，把宝贵时光耗费在贴标签、编号、跑腿、保持影片整洁等琐事上面。这怎能不使她感到委屈呢？她有一种上当受骗的感觉，更有一种对不起自己的感觉。

几年后，当张爽看到电视上打出的某电视剧演职员表名单时，竟然发现以前的同事，有的现在已经成为著名的导演，有的已经成为制作人。此时，她的心中颇有点不是滋味。

张爽原来并未看到平凡岗位上的不平凡意义，所以她的辞职行动，也是她关闭在影视界闯出一番事业的大门的开始。

许多实现了人生目标的过来人都表示：谁也不能"一步到位"，只能"步步为营"，唯有如此才有可能成功。因此，人不要把眼睛只盯在眼前，而忽视了长远规划。

不能脚踏实地的人首要的失误在于不切实际，既脱离现实，又脱离自身，总是这也看不惯，那也看不惯，或者以为周围的一切都与他为难，或者不屑于周围的一切，不能正视自身，没有自知之明。

决心获得成功的人都知道，进步需要一点一滴的努力。就像"罗马不是一天造成的"一样，房屋是由一砖一瓦堆砌成的；足球比赛最后的胜利是由一次一次的得分累积而成的；商家的繁荣也是靠着一笔笔交易逐渐壮大的。所以说，每一个重大的成就，都是一系列小成就累积而成。

请千万记住一点：任何事情的发展都需要一个逐步提升的阶段性过程，任何宏伟目标的实现都需要一个逐步积累的时期。

◎ 现在做好小事，将来才能成大事

我们每个人所做的工作，都是由一件件小事组成的，但我们不能因此而忽视工作中的小事。纵观所有的成功者，他们与我们都做着同样简单的小事，唯一的区别就是，他们从不认为自己所做的事是简单的小事。其实，无论大事小事，关键在于你的选择，只要选择对了，你的小事也就成了大事。

恰科是法国银行大王，每当他向人谈论起自己的过去时，他的经历常会唤起人们深深的思索。人们在羡慕他的机遇的同时，也感受到了一个银行家身上散发出来的特质。

还在学生时代，恰科就有志于在银行界谋职。一毕业，他就去一家最好的银行求职。一个毛头小伙子的到来，对这家银行的官员来说太不起眼了，恰科的求职接二连三地碰壁。后来，他又去了其他银行，结果也是沮丧而归。但恰科要在银行里谋职的决心一点儿也没受到影响。他一如既往地谋求在银行求职。有一天，恰科再一次来到那家最好的银行，"不知天高地厚"地直接找到了董事长，希望董事长能雇用他。然而，他与董事长一见面，就被拒绝了。对恰科来说，这已是第52次遭到拒绝了。当恰科失魂落魄地走出银行时，看见银行大门前的地面有一根大头针，他弯腰把大头捡了起来，以免它伤人。

回到家里，恰科仰卧在床上，望着天花板直发愣，心想命运为何对他如此不公平，连让他试一试的机会也不给，在沮丧和忧伤中，他睡着了。第二天，恰科又准备出门求职，在关门的时候，他看见信箱里有一封信，拆开一看，恰科欣喜若狂，甚至有些怀疑这是否是在做梦，他手里的那张纸是银行的录用通知。

原来，昨天恰科蹲下身子去捡大头针的情形，被董事长看见了。董事长认为如此精细谨慎的人，很适合当银行职员，所以，改变主意决定雇用他。正因为恰科是一个对一根针也不会粗心大意的人，因此他才得以在法国银行界平步青云，终于有了功成名就的一天。

于细处可见不凡，于瞬间可见永恒，于滴水可见太阳，于小草可见春天。

一个能够成就大业的人，一定具备一种脚踏实地的做事态度及非凡的耐心及韧性。正是他们对小事情的处理方式，为他们成就大业打下了一个良好的基础。因此古人说："勿以事小而不为。"选择小事同样可以成就大业。

三、在你学会尊重之前，
不要奢望得到尊重

一切的一切都开始于相互尊重，人是有感情的动物，需要理解和尊重。如果你不尊重一个人，却想得到他的倾情相助，那不仅是不可能，而且是不道德的。

◎ 没有礼貌的人，就像没有窗户的房屋

每个人都不能独处、孤立，不孤立就有交往。企业业务来往，公司内部日常运转，四海之内的朋友之间，都有交往。要交往就必须依靠礼仪来维持。礼亏就会让人觉得怠慢，礼过就会让人觉得谄谀。无论礼亏礼过，对你来说都不是什么好事。

日本的东芝公司是一家著名的大型企业，创业已经有90多年的历史，拥有员工8万多人。不过，东芝公司也曾一度陷入困

境，土光敏夫就是在这个时候出任董事长的。他决心振兴企业，而秘密武器之一就是"礼遇"部属。身为一个大公司的董事长，他毫无架子，经常不带秘书，一个人步行到车间与工人聊天，听取他们的意见。甚至他还常常提着酒瓶去慰劳职工，与他们共饮。对此，员工们开始都感到很吃惊，不知所措。渐渐地，员工们都愿意和他亲近。他们认为，土光敏夫董事长和蔼可亲，有人情味，我们更应该努力，竭力效忠。因此，土光敏夫上任不久，公司的效益就大力提高，两年内就把亏损严重、日暮途穷的公司重新支撑起来，使东芝成为日本最优秀的公司之一。可见，礼，不仅是调节领导层之间关系的纽带，也是调节上下级之间关系，甚至和一线工人之间关系的纽带。

无疑，与人为善、坦诚待人、谦恭有礼，是土光敏夫成功的法宝之一。而他真正高明之处，在于巧妙地将几者融为一身，形成了自己与人交往的风格。正是这种融为一体的风格，才使他在复杂的商海中游刃有余，成为了一位魅力与实力并存的人物。

礼多人不怪是人之常情。有句古老的格言是这么说的：只有能赢得民心的国王，才会拥有最安泰的国家，才是持续保有权力的国王。大臣的衷心诚服，强过任何的武器；而大臣的忠诚与敬爱，比任何武器更有功效。我辈凡人的情形亦同，能赢得人心便可说是掌握了无与伦比的力量。

不能和悦地对待身份地位低下的人，且一味地将注意力倾注于名人，或是特别出色的人——地位高、特别美丽、人格高超的人身上，如此的态度，连最基本的礼貌也谈不上。事实上，土光敏夫在年轻时也曾如此。他只是一心注意魅力十足的一小部分人，认为其他的人全是虾兵蟹将，微不足道，以为对待他们，即便是一般的礼仪也不必顾到。

此种行为的结果，使土光敏夫树立了许多敌人。正是这些被他看不起的人，每每在他即将获得成功的时候给他致命的一击。这些经历给了土光敏夫很大感触，他认识到无论彼此的关系如何，都必须保持某种程度的礼节。从此以后，他便一直把这个"礼"字记在了心上。

不论对待任何人，以礼待人，恭礼有加，恰到好处，就没有怨恨，久而久之必然使他信服。

◎ 不加抑制的愤怒，总是令生活一团糟

愤怒，就精神的配置序列而论，属于野兽一般的激情。它能经常反复，是一种残忍而百折不挠的力量，从而成为凶杀的根源，不幸的盟友，伤害和耻辱的帮凶。

据说，有一个法官在宣判一个杀人犯死刑以后，走到他的面前，对他说："先生，请问你还有什么话要对你的家人说吗？"谁知那个囚犯毫不领情，他怒吼道："你去死吧，你这个伪君子、

混蛋、刽子手，你对我的裁决一点也不公正！"法官受此辱骂，自然非常生气，他对着囚犯非常粗鲁地责斥了十几分钟。然而，法官刚一说完，囚犯的脸上立即露出了笑容，这一次，他很平静地对法官说："法官先生，您是一个受人尊敬的大法官，受过高等教育，读了很多书，可以说是一个文明人，可是，我只不过是骂了您几句而已，您就如此失态；而我，一个文盲，小学没毕业，大字不识几个，做着卑微的工作，因为别人调戏我老婆，我一时冲动，杀死了对方，而最终成了死刑犯。虽然我们的结果不一样，但有一点却是一样的，那就是我们都是情绪的奴隶！"

当我们对着他人充满愤怒地咆哮的时候，我们的情绪就在被对方牵引着滑向失控的深渊。情绪控制对于每个人而言都是一个非常大的挑战，尤其是愤怒的情绪，更是如此。因为坏脾气总是会把我们的人生搞得一团糟，这不单单对我们的心情会有影响，还有可能会影响到我们与朋友之间的友谊，与家人之间的和睦，甚至改变我们一生的走向。

肖某是一个白手起家的大老板，他的事业做得很大，但与员工的关系却并不好，原因是他的脾气太暴躁，骂起员工来一点也不给人留面子。员工私下里说，一定是老板当打工仔时受了太多气，现在把气都发到他们头上来了。肖某的一个老朋友看到他这样对待员工后，叹息着说："你的脾气太大了，太能摆架子了，你想做垃圾堆里的老板吗？"后来肖某果然尝到了坏脾气的恶果：他得力的助手一个个离开了他，他发现自己再也没有什么可指挥的了，事业也急转直下。

想想我们的坏脾气给自己的生活带来了多么大的麻烦吧！当你用一张死板的面孔面对自己的同事和下属的时候，当你用不耐烦的口气挂断父母电话的时候，当你回到家对自己的家人大吵大嚷的时候，他们都将会以怎样的心情承担坏脾气带来的不良氛围呢？长此以往，你一定会变成一个不受欢迎，被别人敬而远之的人。因为别人也是人，别人也同样有自己的脾气，没有人能够永远包容你的坏脾气，更不会有人能长时间地去容忍因为你的坏性格给自己带来的麻烦。所以，我们应该努力管理好自己的情绪，不要让自己的情绪影响自己的心情，更不要让自己的坏脾气影响到别人的心情。毫无疑问，我们应该成为自己情绪的主人，这样才能营造一个健康快乐的人生。

◎ 以虚心的姿态去实践自己的梦想

海纳百川，成汪洋之势，是因为它位置最低。人生活在社会上，总能寻找到一个属于自己的位置。你现在站得低，并不意味着没有升腾的可能。地位低不是尊严低，只要肯以虚心的姿态去实践自己的梦想，珍惜着到来的机会，生活就一定会给予你相应的回报。

两年前，好友佳佳在一家公司打工，老板是位广东人，对下属非常严厉，从不给一个笑脸，但他是个说一不二的人，该给你多少工资、奖金，不会少你一个子儿，佳佳他们都拼命工作。

公司有个规定，不准相互打听谁得多少奖金，否则"请你走好"。虽然很不习惯，开始工人们还是一直遵守着，努力克制着从小就养成的好奇心和窥私癖。有一个月，大家都发现自己的奖金少了一大截，开始不敢说，但情绪总会流露出来，渐渐地大家都心照不宣了。那天中午，吃工作餐时，大家见老板不在公司，就有人摔盆碰碗地发脾气，很快得到众人响应，一时怨声盈室。

有一位来公司不久的下岗妇女，一直安安静静地吃饭，与热热闹闹的抱怨太不相称，引起了大家的注意。

工人们问她，难道你没有发现奖金被老板无端扣掉一截？她有些吃惊地回答："没有啊！"工人们比她更吃惊了，整个饭厅一下子安静下来，每个人都一脸疑惑，每个人都在心里揣摩：人人都被扣了，为何唯独她得以逃脱？莫非她与老板有那种关系？后来才知道，原来她是被扣得最多的一个。不久她被提升了，其他人又忌妒又羡慕，她的工资会高出一大截来，还有奖金。

很久以后，她向工人们描述当时自己的心情，她的确没有装，她是这样想的：这个月我一定做得不好，所以只配拿这份较少的奖金，下个月一定努力。为何别人没有这样想呢？她是这样分析的，那时她工作近 20 年的工厂亏损得厉害，开工不足，常常发不出工资，工人们都在等待（那时还没有下岗的说法）。她等不下去了，因为家庭负担太重，上有生病的老人，下有读书的孩子，还有因车祸落下残疾的丈夫，于是她就出来打工，收入比以前要高出百十元钱，这让她喜出望外，非常珍惜这份工作，甚至有一种感激的心情。

后来，佳佳离开那家公司，跳了几次槽，至今都没有找到一个满意的工作。去年 10 月份，在一次商务茶会上佳佳又碰到她。她认出了佳佳，而佳佳已认不出她来，不仅是因为她胖了些，白了些，那身合体的高级职业装和与脸型非常相称的发型，精致的妆容把她烘托得典雅且老道，那神态有一种阅尽人世变迁的沉稳与平易，让人一见面就感觉与她打交道是可靠的、有保障的。此时，她已做到了经理助理的位置，公司的二老板，是标准的白领丽人。谁能想到 4 年前，她不过是个战战兢兢的下岗女工，且人到中年。看她很熟练且极有分寸地与人周旋，佳佳内心的感慨是无法用语言来描述的。

由于我们年轻，拥有很多优势，所以我们总是觉得应该得到更多更好的东西，对生活，我们从不习惯放低姿态，面对眼前五光十色、流金淌银的社会，我们认为索取是最重要的，于是，我们越来越不满足，而离自己想要的林林总总也越来越远。

◎ 像珍视初恋一样珍视你的信誉

人格是一生最重要的资本。要知道，糟蹋自己的名誉无异于在拿自己的人格做典当。

一个人凭着自己良好的品性，能让人在心里默认你、认可你、信任你，那么，你就有了一项成功者的资本。这要比获得千万财富更足以自豪。但是，真正懂得获得他人信任的方法的人真是少之又少。多数人都无意中在自己前进的康庄大道上设置了一些障碍，比如有的人态度虚伪，有的人缺乏机智，有的人不善待人接物……这些常常使一些有意和他深交的人感到失望，对他失去信任。

聪明人都会努力树立自己良好的名誉，使人们都愿意与之深交，愿意竭力来帮助自己。

有一次，我国一艘海轮通过美国主管的巴拿马运河，可是该船抵达锚地已是下午4点，这里已有30余艘船正在排队等候通过。如果按先来后到的次序，我国这艘海轮最早也要等到第二天下午才能过巴拿马运河。时间就是金钱。光排队耗费的时间，就会使这艘海轮损失一笔可观的收入。正在中国船员为这件事十分懊丧时，美国方面却通知：中国海轮早上5点起锚，为第二名通过的轮船。

这艘中国海轮为什么会受到优待呢？原来，主管巴拿马运河的美国管理机构不讲情面，却重信誉。他们从计算机调出的档案资料表明：这艘中国海轮三次经过巴拿马运河，每次都是船况良好，技能颇佳，可信度高，所以决定让中国海轮领头先行。

望着运河中缓缓而行的船队，中国船员想着自己海轮所受到的优待，更觉得"信誉"不但重千金，而且是永久性成功的生命力。

人要获得成功，因素有很多，但有一点不容忽视，那就是信誉。优秀的人在追求成功的道路上，从来不给别人留下不诚实和不守信誉的印象。正如有人比喻的：信誉仿佛是条细线，一旦断了，想接起来，难上加难！

美国堪萨斯城郊的一所高中，一批高二的学生被要求完成一项生物课作业，其中28个学生从互联网上抄袭了一些现成的材料。

此事被任课的女教师发觉，判定为剽窃。于是，这28名学生不但生物课成绩为零分，并且还面临留级的危险。在一些学生及家长的抱怨和反对下，学校领导要求女教师修改那些学生的成绩。这位女教师拒绝校方要求，结果愤而辞职。

这一事件，引起了全社会的广泛关注，成为市民关注的焦点。

面对巨大的社会反响，学校不得不在学校体育馆举行公开会议，听取各方面的意见。结果，绝大多数的与会者都支持女教师。

该校近半数的老师表示，如果学校降格满足了少数家长修改成绩的要求，他们也将辞职。

他们认为：教育学生成为一名诚实的公民，远比通过一门生物课程更重要。

被辞退的女教师每天接到十几个支持她或聘请她去工作的电话。一些公司已经传真给学校索要作弊学生的名单，以确保他们的公司今后永不录用这些不诚实的学生。

谁会想到呢，一些中学生的一次作业抄袭行为所引发的事件，竟在全美国引起轩然大波。

也许有的人会认为美国人是在小题大做，如果这样想就错了。在这个故事中，我们应该感受到的是"信誉"两个字那沉甸甸的分量。信誉是一个人立足社会的基础；一个民族、一个国家立足于世界之根本。一个人可以失去财富、失去机会、失去事业，但万万不可失去信誉。一个没有信誉的人，在这个世界上将会举步维艰。

◎ 热情，是一种强而有力的吸引

如何与朋友和睦相处，如何成为人见人爱的红花，唯一的诀窍就是要想取之，必先予之，要想结交人，被人爱戴，就要学会关爱他人，只有爱别人并爱自己的人，才是最受欢迎的人。

刘淳心宽体胖，整天乐呵呵，朋友们都亲热地称呼他为"胖哥"。胖哥是某单位的司机，没权没势，可大家就是喜欢他、尊重他，有人开玩笑地问胖哥身上是不是装了磁石，不然为什么这么吸引大家呢！胖哥哈哈一笑，"就是有人缘！大家对我好，你羡慕了！"其实胖哥之所以人缘好，都是他靠自己的友善换来的。当初他的好朋友没考上大学，闹着要投河，胖哥一下子请了十天假陪着他，劝说他，等朋友精神好转后，又开车带着朋友散心，终于使朋友转变了想法。同事小姜的父亲骨折住院，胖哥把小姜的家务事整个包了下来，还专门为小姜父亲炖了鸡汤送到医院，每隔两天还要代替小姜护理老人。朋友大赵做买卖赔了一笔，大赵心烦意乱，大赵妻子寻死觅活，胖哥又充当了调解人，终于劝得这对夫妻和好如初……胖哥对每个人都那么关爱友善，而大家回报给他的则是爱戴与支持。

与人交往，如果你能处处关爱别人，乐于助人，那么就能使自己犹如磁石一般，吸引众多的朋友；而一个只肯为自己打算的人，到处会受人鄙弃。吸引他人最好的方法，就是要对他的事情很关心、很感兴趣。

好多人之所以不能吸引他人，是因为他们的心灵与外界是隔绝的，他们专注于自己。与外界隔绝，久而久之，便足以使自己陷于孤独的境地。

有一个人，几乎人人都不欢迎他，但他不知道是什么原因。即使他参加一个公众集会，人人见了他都退避三舍。所以，当别人互相寒暄谈笑、其乐融融之时，他一个人独处在屋中的一个角落。即使偶然被人家注意，片刻之后，他也依旧孤独地坐在一边。

这个人之所以不受欢迎，在他自己看来乃是一个谜，他具有很强的才能，又是个勤勉努力的人。他在每天工作完毕后，也喜欢混在同伴中寻快乐。但他往往只顾及自己的乐趣，而常常给人以难堪，所以很多人一看到他，就避而远之。

但他绝未想到，他不受欢迎最关键的原因乃在于他的自私心理，自私乃是他不能赢得人心的主要障碍。他只想到自己而不顾及他人，他一刻也不能把自己的事情搁起，来谈谈他人的事情，每当与别人谈话，他总是要把谈话的中心，集中在自身或自己的业务上。

一个人如果只顾自己，只为自己打算，那么就没有吸引他人的磁力，就会使别人对他感到厌恶，就没有一个人喜欢与他结交往来。

◎ 若能争让有度，更让人佩服一生

血性与宽容，是苍鹰的两只翅膀，不争，不足以立志；不让，不足以成功。争让有度，更让人佩服一生！

经过多年艰辛打拼以后，古龙终于在文坛拥有了自己的一席之地。武侠小说的一代宗师金庸先生更是对他推崇不已。两人相识之后，就常常结伴同游。后来，古龙因为一些债务原因，手头有些拮据，金庸先生便帮他联系了一个日本的出版商。对方非常欣赏古龙的才华，便邀请二人当面晤谈。

双方见面之后，会谈并没有想象中那么顺利。因为文化的差异，彼此先是在讨论文学创作上有了分歧，接着，古龙发现对方在客气的外表下总是透着一股傲慢，尤其是对中国当代文学，很有些看不上眼。场面有些尴尬，金庸先生总是大度地微笑着缓和紧张的气氛，古龙的话越来越少，渐渐沉默起来。

酒过三巡，对方的酒兴渐渐高涨起来，不停地催服务生上清酒。古龙和金庸两人都有些不胜酒力了，便开始推辞起来。不料对方忽然露出了鄙夷的神色，一语双关地说道："你们中国的小说家也不过如此嘛！"

金庸连忙转过头，紧张地看着血气方刚的古龙。让他没想到的是，古龙并没有暴跳如雷，而是微笑着缓缓说道："这么小的杯子怎么能尽兴呢？来，换脸盆喝！"说着，他亲自取来三个脸盆摆在大家面前，然后将清酒倒满自己面前的脸盆，高高举起。"干！"说着，他端起盆，仰头就喝了起来，坐在一旁的金庸惊得说不出话来，日本出版商更是傻了眼。古龙喝到一半，对方连忙跑过来拉住他，嘴里不停地说道："古先生，我佩服你！不要再喝了！"

事后，日本出版商再也没有过傲慢的表现。金庸悄悄问酒醒后的古龙，真的能喝得下那么多酒吗？古龙憨笑着告诉他，其实自己也喝不了那么多酒。只是他一直觉得，对善待自己的人，自己就必须还以善良；对待轻视自己的人，就必须坚决反击，何况是事关作家的尊严和民族感情。

从那之后，金庸先生不止一次在朋友面前提起这件事情，并且一再表示，古龙身上的侠气精神让他一生都无法忘记。

随着古龙名气的与日俱增，他的小说也越来越炙手可热。在利益的驱使下，很多人开始效仿他，挖空心思，想方设法利用古龙的名气为自己谋利，甚至有人开始冒充古龙的名字写小说。

一天午后，一个朋友在市场上发现了几本冒充古龙先生新作的小说，异常气愤。他立刻买下了几本，气呼呼地来到古龙的家里。

可让他没想到的是，一向争强好胜的古龙并没有生气，反而津津有味地读了起来。读了一会儿，他轻轻放下书，什么也没说。坐在一旁的朋友按捺不住了，问他为什么不追究。古龙微笑着告诉他："这本小说的风格，我一看就知道是谁写的。我也非常反感这些抄袭模仿、假借之笔的龌龊行为，可这个作者我认识，他的家境非常贫寒，不过是以此来糊口罢了。如果我去举报他，那他全家人都可能饿肚子。得饶人处且饶人，何况他的原因很特殊；再说，他的文笔很不错，我不忍心就让他这样毁在我手里。"朋友听完他的话，唏嘘不已。

不仅如此，古龙还特别留心冒充自己写小说的作者当中才华出众的，并且想方设法帮助他们。在古龙的帮助下，很多年轻人崭露头角，而且都和古龙成了朋友。

正得益于这种博大的胸怀，在古龙先生故去之后，台湾迅速成长起来一批新的优秀小说家。也正因为如此，虽然古龙人已逝，他却在很多受过他帮助的人心中延续着自己的生命，并将这份豁达与博爱继续传递下来。

古龙的争，不是莽夫之争，而是血性之争，为自身尊严而争，为民族荣誉而争；古龙的让，不是懦弱退缩，而是心怀博爱，不计小利，为更多有才情抱负的人提供机会，更加让人佩服一生一世。

第四辑

谁的雄心不受伤

人生,一半是现实,一半是梦想,努力会让梦想变成现实。在努力的过程中,虽然有时难掩无助与仓皇,却也有着幸福与期望。做好当下的自己,褪尽幼稚与浮华,别忘了当初的梦想,认真努力地活着,兴许明天就会更好。

一、梦想从不曾被毁灭，只会被搁浅

每天早上起床你都有两个选择，要么选择平凡地度过今天，要么选择在今天努力，创造明天的奇迹。你写下了什么样的开篇，自然而然会走向什么样的结局。多少人在匆匆溜走的时光里，因为懒惰，因为逃避，因为安逸，而错过了实现梦想的机会。

◎ 人活着，总得让自己有个盼头

有人问英国登山家马洛里："为什么要攀登世界最高峰？"他回答："因为山就在那里。"其实，每个人心里都应该有一座山，去攀登这座山，有时纯粹只是精神上的一种体验。为了这种体验，可能要体会常人所不能想象的苦，结局也未必美好，可因为拥有了过程，就此人生无憾了！至少它可以证明，我们曾经年轻过。

有这样一个男孩。第一次来到北京，刚下火车，他就急着打听北京什么地方酒吧比较多。别人见他风尘仆仆，还背着吉他，心里已明白几分："小伙子，你就应去后海啊，那地儿酒吧多。"他连忙道谢，转过身，心里却直犯嘀咕：没听说过北京还有大海啊。

他在农村长大，从小钟爱唱歌。初中毕业后，他开始学吉他，渐渐在当地小有名气。音乐就是他的全部，当他全力去追逐梦想时，却被乡亲们认为是不务正业。就连父母也反对，劝他脚踏实地，早点成家，安心过日子。但是，梦想的召唤，让他无法平静。他瞒着父母，从家里跑出来，到了陌生的北京。

最后他找到后海，没见到大海，到处都是酒吧。他无比兴奋，满怀期望，一家家去问，要不要歌手，无一例外被拒绝。他乡音太重，没人坚信他能唱好歌。走了大半夜，脚抬不动了，得找个地方过夜。他身上只带了几十元钱，别说住店，吃饭都成问题。他抱着吉他，在地下人行通道里睡了一夜。

第二天，他继续找工作。幸运的是，一家酒吧答应让他试唱。露宿了两夜，他总算找到安身之所：两间平房中间有条巷子，上方搭了个盖，就是一间房。房间不到两平方米，能容下一张床，进门就上床，伸手就能摸到屋顶。头顶上方是个鸽子窝，鸽子起飞时，飞舞的羽毛从窗外飘进来，绝无半点诗意。虽然简陋，好歹能遮风挡雨，最主要的是便宜，租金才200元一个月。他告诉房东，我给你100元，住半个月。身上没钱，即使这100元，他还得赊欠。

不久后，他发现自己并不适合酒吧。为了让更多人分享自己的音乐，他决定离开酒吧，去街头献唱。选好地方，第一次去，他连吉他都没敢拿出来就做了逃兵。他脸皮太薄，连续三天都张不开嘴。第四天，他喝了几两白酒壮胆，最后唱出来了。清澈的嗓音，伴着悠扬的琴声，仿佛山涧清泉流淌，无数人被他的歌声打动，驻足流连。他的歌被传到网上，他的歌迷越来越多。这个叫阿军的流浪歌手，渐渐为人所知，大家都叫他"中关村男孩"。

他离梦想似乎更近了，可有多少人了解他背后的艰辛？没有稳定的收入，他只能住地下室；没有暖气，冬天跟住在冰窖里差不多；为了省电费，只能用冷水洗头；不穿浅色衣服，伙食定量，十元钱大米吃一个星期，两顿饭一棵大葱，三天一包榨菜。每次家人打来电话，他总是说在酒吧唱歌，住员工宿舍，整洁卫生，还有暖气。他学习并领悟了心安理得地说谎，再苦也不想回家。梦想那么大，只有北京才装得下。

其实，他完全能够不用受这份苦。家里的条件不是太差，有新房子，有深爱他的兄弟姐妹，父母都期望他早日成家。他能够像身边的同龄人一样，在老家找一份简单的工作，安安稳稳地过一辈子。但是，心里总有一个声音在呼唤，梦想让他无法抗拒。他说："我还年轻，如果不出来闯一闯，一辈子都不得安宁。"

在这个世界上，还有许多像阿军一样的人，他们走得很急，发奋地追逐着自己梦想。有的人可能会给这个世界留下些什么，有的人可能只能成为过客，但都没有关系，如果你定下一个高层次的目标，就算失败了，你的失败也在很多低层次的人的所谓成功之上。

　　登山者之所以能够征服高山，是因为他的心就有那样一个高度；航海者之所以能够征服海洋，是因为他的心就有那样一个广度。每个人心中都应该有一座山、一片海，这山、这海，其实就是个盼头，活着，就得有个盼头。世界上多少伟大的事业就是靠着这个盼头所产生的力量而成就的。

◎ 别在最好的年纪里消极怠工

　　生活中有很多人不是在过日子，而是在混日子，对他们来说，生活就是柴米油盐酱醋茶，就是今天有钱今天花，明天没钱想办法。他们的生命里没有激情，没有神经，没有痛感，没有效率，没有反应。完全就是"当一天和尚撞一天钟"的心态，因而不接受任何新生事物和意见，对批评或表扬无所谓，没有耻辱感，也没有荣誉感。不论别人怎样拉扯，都可以逆来顺受，虽然活着，但活得没有一点脾气。如果没有外力的挤压，他们就会懒懒地堆在那里，丝毫不肯活动自己，一定要有人用力地拉着、扯着、管着、监督着，才能表现出那么一点张力，而一旦刺激消失，瞬间便又恢复了原样。他们往往都是活在自己的世界里，绝缘、防水、不过电，浮不起，麻木冷漠故没有快乐，耗尽心力却不见成绩，人生，不但疲惫，更显悲催。

这些人当初可能也是充满激情的，只是经历了一些什么以后，当他们主观上认为自身无法把握或预测外部条件变化时，便开始担心自己付出的努力可能无法获得预期收益，于是就从心理上产生少付出，甚至不付出的思想，因为这样就能切实避免"失望"，这也许就是"混日子"的心理根源。

在职场上，这种混日子的心理尤为普遍，在一些人看来，工作就是养家糊口的一个保障而已，电脑一开一关，一天就过去了，别管做没做出什么业绩，反正工资是挣到了。然而事实上，"混日子"可不是每一个人都能够享受的待遇。换而言之，如果你拥有绝对的资本和地位，那么你可以拿着工资混日子。但如果你只是一个普通的打工者，混日子的心理迟早会让你丢掉饭碗。道理再简单不过，公司可不是收容所，老板亦不是什么慈善家，不可能拿钱去养闲人。

孙松大学毕业以后进入一家国企做文职工作。最初的那段时间，他真是拼劲十足，任劳任怨，不论是写发言稿、做总结、上报材料还是跑腿打杂，甚至是给领导安排饭店、随行出差，他都做得尽心尽力。

孙松自己都记不清有多少次，为了赶发言稿或者报告，大家都下班了，他还在办公室加班加点，困了就只在办公室的沙发上眯一会儿。这样热情饱满地工作一年之后，孙松开始懈怠了，原因是他的努力并没有为自己博来一官半职。从这以后，孙松每天机械地上班下班，没有梦想，也没有追求，彻彻底底地开始混日子了。在他看来，反正无论自己多么努力，领导都不以为是，那么，累死累活也是活，混一天也是活，工资又不会少，何苦让自己那么辛苦呢？

的确，孙松的工作变得越来越轻松了。然而仅仅又过了一年，公司精简机制，没有任何背景又整天混日子的孙松第一个被请走了。

很多人都像孙松一样，寒窗苦读十余载，各方面的能力也都不错。但是，就因为短时间内没有得到别人的认可，丧失了热情，没了干劲，人也懒下去了。他们开始混日子，却一不小心被日子给混了。

不可否认，混日子的人也曾有过激情，只是梦破、梦醒或梦圆了，回到现实，所以无梦；只是活得单调、乏味、自我，日复一日，所以无趣；又或伤痛太多、太重、太深，无以复加，反而无痛；也可能是生活艰难、困顿、委屈，心生怨愤，不再期冀；抑或是惨遭打压、排挤、欺诈，心有余悸，故而萎靡，总之，那些社会的、个人的，主观的、客观的因素纠结在一起，共同制造了混日子的人。在这个社会上，他们俨然已经沦为打酱油的局外人，无梦、无痛、更无趣；职业枯竭、才智枯竭、动力枯竭、价值枯竭，最终情感也枯竭。于是，他们常把这样的话挂在嘴边："以后慢慢混呗，能混成啥样就啥样！"听起来似乎很淡然，好像看破红尘以后的超脱一般，实则是在为自己的不作为找借口，这里面可能含有一些无奈，但更多的则是灵魂的懦弱，是自以为无可救药以后对生命的浪费和放纵。

其实人的生命是这样的——你将它闲置，它就会越发懒散，巴不得永远安息才好；你使劲利用它，它就不会消极怠工，即使你将它调动至极限，它亦不会拒绝；尤其是在你将人生目标放在它面前时，不必你去提醒，它便会极力地去表现自己。所以，如果你还想活得有活力、活得滋润一些，那么无论如何请记住，永远不要混日子，永远别让心中的美梦间断，要将自己的生命力激发到极限，而不是刚刚成年，便已饱经沧桑。

◎ 让雄心激励我们前进

什么是雄心？简单地说就是目标，就是理想、梦想。

这个时代太需要雄心了！在社会中，我们承担着消费者的角色，但与此同时，我们又是物质生活的受益者。想要牛奶和面包，我们就必须通过自己的双手或其他付出方式，赢得获取牛奶和面包的筹码。那么，你就只想拥有牛奶和面包吗？如果这样就知足，你注定只能过平庸的日子。

所以你必须把自己认定为"成功者"，要让自己成为一个有雄心的家伙。生活其实很现实，如果你没有雄心，生活回报你的就只会是平庸。所以你必须将自己的斗志激发出来，让自己的能量充分实现。

那么，现在的你在做什么？左手面包，右手牛奶地混日子吗？其实你并不想这样，你只是还没有意识到自己的人生可以更出彩而已。所以，马上激发你心中的雄心吧！

如果你还在上大学，就立志成为校园中的佼佼者，成绩突出、思想进步，积极活跃，每一个重大活动都有你的身影，无论你走到哪里都会被追逐……

如果你是一名普通职员，那么就立志成为职场中的"白骨精"，有才华又肯努力，同事欢迎、老板器重、屡被重用、步步高升，成为下一个职业达人也未尝不可……

如果你正在创业，就立志成为著名企业家，你有敏锐的嗅觉与出众的智慧，没有什么困难可以击垮你，没有什么机遇可以逃过你的眼睛，你同样能够富可敌国……

你甚至可以立志成为一个文学家、思想家、商业家、政治家等，并认定自己可以做出他们那样的成就，当然在行动时，你还要从实际出发。

通过树立雄心，我们可以拿出向往美好生活的勇气，这样才能真正地活在现实的春天里。

◎ 前半生的犹豫，导致后半生的无能

世界上最可怜又最可恨的人，莫过于那些总是瞻前顾后、不知取舍的人，莫过于那些不敢承担风险、彷徨犹豫的人，莫过于那些无法忍受压力、优柔寡断的人，莫过于那些容易受他人影

响、没有自己主见的人，莫过于那些拈轻怕重、不思进取的人，莫过于那些从未感受到自身伟大内在力量的人，他们总是背信弃义、左右摇摆，最终一事无成。

有这样一个人，智商一流，持有知名学府硕士文凭，毕业以后决心下海经商。

有朋友建议他炒股，他豪气冲天，但去办股东卡时，他犹豫了："炒股有风险啊，再等等看吧。"于是很多人炒股发了财，等他进入股市时，股市却已经疲软。

又有朋友建议他到夜校兼职讲课，他很有兴趣，但快到上课时，他又犹豫了："讲一堂课才百十多块钱，没有什么意思。"

于是又有朋友建议他创办一个英语培训班，那样可以挣得多一些，他心动了，可转念一想："招不到生源怎么办？"计划就这样又搁浅了，后来当国内某知名英语培训机构上市时，他又懊悔不及。

他的确很有才华，可一直在犹豫不决，转眼很多年过去了，他什么也没做成，越发的平庸无奇起来。

有一天，他到乡间探亲，路过一片苹果园，望见满眼都是长势茁壮的苹果树，禁不住感叹道："上帝赐予了这世界一块多么肥沃的土地啊！"种树人一听，对他说："那你就来看看上帝是怎样在这里耕耘的吧！"

很多人光说不做，总在犹豫；也有不少人只做不说，总在耕耘。犹豫不决的人永远找不到最好的答案，因为机遇会在你犹豫的片刻失掉；勤于耕耘的人总是收获满满，因为流下的汗水会将生命浇灌得更加鲜艳。

志存高远的人何止千万？但如愿以偿者却寥寥无几！何以？因为有太多的人一直在拖延行动，也不是不想行动，只不过想等上一段时间，谁知道这样一晃就是一生。

那么，你打算什么时候开始行动呢？你在等什么？又在准备什么？你需要别人的帮助还是认为时机尚未成熟？可是你知不知道，拥有梦想而不开始行动，最是消磨人的意志。

有时，明明你已经做好计划，考虑过不下十遍，甚至已经做出决定，可是就差那么一点——就差那么一点行动，你就开始畏首畏尾、瞻前顾后，于是行动搁浅了，梦想中断了。久而久之，越来越不相信自己了，尤其是当同时起步的朋友已经实现梦想的时候，那种失落感更是难以名状。

只可恨，我们一再犹豫、一再拖延，到老了才知道：犹豫浪费生命，拖延等于死亡……

真的，无论是谁，无论想干一件什么事，如果优柔寡断、该出手时不出手的话，就会一事无成。而整个事情成功的秘诀就在于——养成立即行动的好习惯。有了这样的习惯，我们才会站在时代潮流的前列，而另一些人的习惯是——一直拖延，直到时代超越了他们，结果就被甩到后面去了。

所以在做决定，尤其是一些关键性的决定时，别再因为觉得条件不成熟而犹豫不决，你需要把全部的理解力激发出来，在当时情况下做出一个最有利的决定。当机立断地做出一个决定，你可能成功，也可能失败，但如果犹豫不决，那结果就只剩下了失败。

◎ 就算再贫瘠的土地，也有适合的种子

每一个人，在努力而未成功之前，都是在寻找属于自己的种子。当然，你不能期望沙漠中有清新的芙蓉，你也不能奢求水塘里长出仙人掌，但只要找到适合自己的种子，就能结出丰盛的果实。

对于还在寻找种子的人们，道路虽然漫长又艰辛，虽然看上去很迷茫，虽然荆棘密布、挫折重重，但只要坚信自己的能力，并且有毅力，那么必定会在某一时刻、某一地点找到属于自己的种子。

多年前，山区里有个学习不错的男孩，但他并没能考上大学，被安排在本村的小学当代课老师。由于讲不清数学题，不到一周就被学校辞退了。父亲安慰他说，满肚子的东西，有人倒得出来，有人倒不出来，没有必要为这个伤心，也许有更适合你的事等着你去做。

后来，男孩外出打工。先后做过快递员、市场管理员、销售代表，但都半途而废。然而，每次男孩沮丧地回家时，父亲总是安慰他，从不抱怨。而立之年，男孩凭一点语言天赋，做了聋哑学校的辅导员。后来，他创办了一家自己的残障学校。再后来，他建立了残障人用品连锁店，这时的他，已经是身家千万了。

一天，他问父亲，为什么之前自己连连失败、自己都觉得灰心丧气时，父亲却对自己信心十足。

这位一辈子务农的老人回答得朴素而又简单。他说，一块地，不适合种麦子，可以试试种豆子；如果豆子也长不好的话，可以种瓜果；如果瓜果也不济的话，撒上一些荞麦种子一定能够开花。因为一块地，总会有一种种子适合它，也终会有属于它的一片收成。

每个人来到这个世界上，都有独特之处，都会存在独特的价值。换而言之，每个人都是独一无二的，都有"必有用"之才。只是，也许有时才能藏匿得很深，需要全力去挖掘；有时才能又得不到别人的认可……但我们绝不能因此否认自己，更不能因为生活中的挫折、失败而怀疑自己的能力，因为信心这东西一旦失去，就会给我们的人生造成无法弥补的损失。

所以无论何时，都不要认为别人所拥有的种种幸福是不属于我们的，认为我们是不配有的，认为我们不能与那些人相提并论。有人说：自信是成功的一半。是的，它还不是成功的全部，但是如果我们还认识不到它的重要性，那终有一天你会连这一半的机会也失去。

很显然，命运是可以被改写的，自卑是可以被战胜的。战胜自卑的过程，其实就是磨炼心志、超越自我的过程。逆境之中，如果我们一味抱怨命运，认为自己是最不幸的那一个，那么自卑的魔咒就永远也无法解除。想要消除自卑，我们首先就要以一种客观、平和的心态看待自己，不要一直盯着自己的短处看，因为越是这样，我们就越会觉得自己一无是处。而只要你不放弃，终有一天会找到适合自己的种子。

二、走错了路，
就当人生又多走了几步

年轻的时候，犯错不可怕，只要不是一错再错。等到日后回忆起这些，也许你会发现，正是因为有了这些错，你的人生反而更夺目了。

◎ 谁的青春不犯错

终日想着那些不幸的经历和已经犯下的错误，只会加剧自身的伤痛，只会让人觉得未来越来越黑暗，心也越来越焦虑。

如果想要自己的心欢喜一些，就设法忘记那些因一时过错而带来的不幸和伤害。过去的成功也好失败也罢，都不能代表现在和未来。可以说人的一生由无数的片段组成，而这些片断可以是连续的，也可以是风马牛毫无关联。说人生是连续的片断，无非是人的一生平平淡淡、无波无澜，周而复始地过着循环往复的日子；说人生是不相干的片断，因为人生的每一次经历都属于过去，在下一秒我们可以重新开始，可以忘掉过去的不幸，忘掉过去不如意的自己。

在雨果不朽的名著《悲惨世界》里，主人公冉·阿让本是一个勤劳、正直、善良的人，但穷困潦倒，度日艰难。为了不让家人挨饿，迫于无奈，他偷了一个面包，被当场抓获，判定为"贼"，锒铛入狱。

出狱后，他到处找不到工作，饱受世俗的冷落与耻笑。从此他真的成了一个贼，顺手牵羊，偷鸡摸狗。警察一直都在追踪他，想方设法要拿到他犯罪的证据，以把他再次送进监狱，他却一次又一次逃脱了。

在一个风雪交加的夜晚，他饥寒交迫，昏倒在路上，被一个好心的神父救起。神父把他带回教堂，但他却在神父睡着后，把神父房间里的所有银器席卷一空。因为他已认定自己是坏人，就应干坏事。不料，在逃跑途中，被警察逮个正着，这次可谓人赃俱获。

当警察押着冉·阿让回到教堂，让神父辨认失窃物品时，冉·阿让绝望地想："完了，这一辈子只能在监狱里度过了！"谁知神父却温和地对警察说："这些银器是我送给他的。他走得太急，还有一件更名贵的银烛台忘了拿，我这就去取来！"

冉·阿让的心灵受到了巨大的震撼。警察走后，神父对冉·阿让说："过去的就让它过去，重新开始吧！"

从此，冉·阿让洗心革面，重新做人。他搬到一个新地方，努力工作，积极上进。后来，他成功了，毕生都在救济穷人，做了大量对社会有益的事情。

我们习惯于淡忘生命中美好的一切，而对于痛苦的记忆，却总是铭记在心。难道真是因为痛苦会令我们记忆深刻吗？当然不是，这完全是出于我们对过去的执着。其实，昨日已成昨日，昨日的辉煌与痛苦，都已成为过眼云烟，我们何必还要死死守着不放？将失意放在心上，它就会成为一种负担，容易让我们形成一种思维定势，结果往往令人依旧沉沦其中，甚至是走向堕落。只有倒掉昨日的那杯茶，人生才能洋溢出新的茶香。

◎ 失败是走向成功的开始

人们遇到挫折时，会采取各种各样的态度。综合起来，无非是两种，一种是对挫折采取积极进取的态度，即理智的态度，这时的挫折激励人追求成功；另一种是采取消极防范的态度，即非理智的态度，这时的挫折使人放弃目标，甚至造成伤害。

失败有泪水，坚持有泪水，成功也有泪水，但是这些泪水都是不一样的，或苦，或涩，或甜。只有品尝过了苦涩的，才能尝到甘甜的。其实，每一次失败，都是意味着下一个成功的开始；每一次磨难带来的考验，都会给我们带来一分收获；每一次流下的泪水，都有一次的醒悟；每一份坎坷，都有生命的财富；每一次折腾出来的伤痛，都是成长的支柱。人活着，不可能一帆风顺，想折腾就必然会经历一些挫折，而最终的结果，则取决于我们对待失败的态度。

美国人希拉斯·菲尔德先生退休的时候已经积攒了一大笔钱，足够过上富裕的日子。然而这时他又突发奇想，想在大西洋的海底铺设一条连接欧洲和美国的电缆。随后，他就全身心地开始推动这项事业。

菲尔德先生首先做了一些前期的基础性工作，包括建造一条1000英里长，从纽约到纽芬兰圣约翰的电报线路。纽芬兰400英里长的电报线路要从人迹罕至的森林中穿过，再加上铺设跨越圣劳伦斯海峡的电缆，整个工程十分浩大。菲尔德使尽浑身解数，总算从英国得到了资助。随后，菲尔德的铺设工作就开始了。电缆一头搁在停泊于塞巴斯托波尔港的英国旗舰"阿伽门农"号上，另一头放在美国海军新造的豪华护卫舰"尼亚加拉"号上。没想到，就在电缆铺设到5英里的时候，它突然卷到了机器里面，被切断了。

第一次尝试失败了，菲尔德不甘心，又进行了第二次试验。试验中，在铺好200英里长的时候，电流中断了，船上的人们在甲板上焦急地踱来踱去，好像死神就要降临一样。就在菲尔德先生准备放弃这次试验时，电流又神奇地出现了，一如它神奇地消失一样。夜间，船以每小时4英里的速度缓缓航行，电缆的铺设也以每小时4英里的速度进行。这时，轮船突然发生了一次严重倾斜，制动闸紧急制动，电缆又被割断了。

但菲尔德并不是一个在失败面前容易低头的人。他又购买了700英里长的电缆，而且还聘请了一个专家，请他设计一台更好的机器。后来，在英美两国机械师的联手下才把机器赶制出来。最终，两艘军舰在大西洋上会合了，电缆也接上了头；随后，两艘船继续航行，一艘驶向爱尔兰，另一艘驶向纽芬兰。在此期间，又发生了许多次电缆被割断和电流中断的情况，两艘船最后不得不返回爱尔兰海岸。

在不断的失败面前，参与此事的很多人一个个都泄了气；公众舆论也对此流露出怀疑的态度；投资者也对这一项目失去了信心，不愿意再投资。这时候，菲尔德先生用他百折不挠的精神和他天才的说服力，使这一项目得以继续进行。菲尔德为此日夜操劳，甚至到了废寝忘食的地步。他决不甘心失败。

于是，尝试又开始了。这次总算一切顺利，全部电缆成功地铺设完毕且没有任何中断，几条消息也通过这条横跨大西洋的海底电缆发送了出去，一切似乎就要大功告成了。但就在举杯庆贺时，突然电流又中断了。这时候，除了菲尔德和一两个朋友外，几乎没有人不感到绝望的。但菲尔德始终抱有信心，正是由于这种毫不动摇的信心，使他们最终又找到了投资人，开始了新一轮的尝试。这一次终于取得了成功。菲尔德正是凭着这种不畏失败的精神，才最终取得了一项辉煌的成就。

很多成功的人在尝试之初难免要遭受一定的失败，这是毫无疑问的，毕竟世界上的事情都不可能是一帆风顺的。那么，同样是失败的尝试，为什么有的人最终成功了呢？原因很简单，那些成功的人在尝试失败之后挺住了，承受住了失败带给他们的苦难，所以最终才能品尝到成功的甘甜，才能感悟到成功带给他们的喜悦泪水。

许多人之所以能够获得最后的胜利，只是受恩于他们的对待失败的态度。对于没有遇见过大失败的人，有时反而不知道什么是大胜利。

◎ 摔倒了先别急着爬起来

人们常说，失败是成功之母。不过，这是有前提的，如果总是"记吃不记打"，那么失败多少次，也只会一次一次摔得头破血流，记不住教训，也不可能成功。只有在摔倒后及时检讨自己失败的原因，从中吸取教训，从而改进自己，指导自己才是正确的人生态度。只有懂得利用失败的人，才能获得最终的成功。

1938年，一个普通的男孩子出生在美国，他的名字叫菲尔·耐特。他和大多数同龄人一样，也喜欢运动，打篮球、棒球、跑步，并对阿迪达斯、彪马这类运动品牌十分熟悉。耐特一直很喜欢运动，几乎到了狂热的程度，他高中的论文几乎全都是跟运动有关的，就连大学也选择的是美国田径运动的大本营——俄勒冈大学。

可惜，耐特的运动成绩并不好。他最多只能跑一英里，而且成绩很差，他拼了命才能跑4分13秒，而跑一英里的世界级运动员最低录取线为4分钟，就是这多出的13秒决定了他与职业运动员的梦想无缘。

像耐特这样一英里跑不进4分钟的运动员还有很多，尽管他们不甘心被淘汰，但都无法改变这种命运，只得选择了放弃。不过耐特不想放弃，他认真分析了自己失败的原因之后认为，那次的失败不是他的错，完全是他脚上穿的鞋子的错。

于是，耐特找到了那些跟他一起被淘汰的运动员，跟他们说了自己的想法。他们也一致表示，鞋子确实有问题。不过在训练和比赛中，运动员患脚病是经常的事，而且很多年以来，运动员都是穿这种鞋子参加训练和比赛的，很少有人想办法解决鞋子的问题。

虽然运动员是做不成了，但是耐特决定要设计一种底轻、支撑力强、摩擦力小且稳定性好的鞋子。这样，就可以帮助运动员，减少他们脚部的伤痛，让他们跑出更好的成绩来。耐特希望自己的鞋子能够让所有的运动员都充分发挥出自己的潜能，不再因为鞋子的原因而失败。

说干就干，耐特跟自己的教练鲍尔曼合作，精心设计了几幅运动鞋的图样，并请一位补鞋匠协助自己做了几双鞋，免费送给一些运动员使用。没想到，那些穿上他设计的鞋子的运动员，竟然跑出了比以往任何一次都好的成绩。

从此，耐特信心大增，他为这种鞋取了个名字——耐克，并注册了公司。让人意想不到的是，这个平凡的小伙子创造的耐克，后来甚至超过了阿迪达斯在运动领域的支配地位。1976 年，耐克公司年销售额仅为 2800 万美元；1980 年却高达 5 亿美元，一举超过在美国领先多年的阿迪达斯公司；到 1990 年，耐克年销售额高达 30 亿美元，把老对手阿迪达斯远远地抛在后面，稳坐美国运动鞋品牌的头把交椅，创造了一个令人难以置信的奇迹。

耐特虽然一辈子无法成为职业运动员，但却让所有运动员不再为脚病而苦恼，并成功地把耐克做成了一个传奇。当年与耐特一起被淘汰的运动员不计其数，他们跟耐特一样跌倒了，但是爬起来之前，收获却不一样。耐特爬起来之后，走得很高很远，因为他看准了，自己需要注意的不是自己的速度，而是鞋子。正因为耐特跌倒了能够思考，能够把收获用在以后的日子里，所以他能取得非常高的成就。

失败，可以成为站得更稳的基石，也能成为再一次栽倒的陷阱，如何选择，全在于你面对失败的态度。

跌倒不仅仅是一种不愉快的体验，更是成功的开始。只要能理性地分析跌倒的教训，甚至是别人跌倒的教训，从中寻找出带有普遍性的规律和特点，就可以指导我们今后的行动。古今中外，有识之士无不从自己或他人的教训之中寻找良方，避免重复的失误，从而获得成功。教训是自己和他人的前车之鉴，是一笔宝贵的财富。

人生的道路不可能一马平川，我们不能因为坎坷不平的坑坑洼洼而拒绝前行。相反，在不平的道路上跌倒了，不要只是趴在地上咀嚼痛苦，更不要怨天尤人，而要痛定思痛，吸取教训，积蓄力量，这样才能在爬起来之后有所收获，才能在未来的路上走得更远。

◎ 尽量走好人生的每一个路口

在遭遇障碍时，我们不要忘了给自己打打气，高歌猛进时也不要忘了给自己降降压。这样我们的人生才不至于陷落进某一个旋涡。

4岁那年，迈克父母在一次车祸中丧生，他被寄养在一个远房舅舅家。舅舅对他很刻薄，吆喝打骂是家常便饭。迈克懂事很早，学习非常用功，成绩出类拔萃，并考上了一所名牌大学的热门专业。但毕业那年，全国的经济颓废，辛辛苦苦找了一年工作，却丝毫没有着落。

对迈克最好的，是那位60多岁的房东老太太，她那满头白发下，仍然能看出安详与高贵。每次迈克回来，她都会开门高兴地招呼他，尽管迈克自己有钥匙。看到迈克沮丧的样子，老太太总是安慰他："迈克，事情没那么糟糕，一切都会好起来的。"迈克心里很感动，但他觉得，老太太根本体会不到自己的难处。他想，如果自己能像她那样，每天最重要的事，就是看着马路上川流不息的车辆以及熙熙攘攘的人群，他也一定会这样快乐。

有一天，迈克看着老太太出神的样子，不由得纳闷：在她的思想里，到底装着一个怎样的世界呢？那马路上每天都如此单调，对迈克来说，实在没有什么可看的。他终于忍不住问她："您每天都在看什么？有什么有趣的事情吗？"

老太太笑眯眯地望着迈克："孩子，那马路上的红绿灯，写下的是无数行人生命的征程，怎么会没有意思呢？"

"那有什么好看的？不就是红绿灯吗。"迈克还是不解。

"孩子，你还不明白。这人生呀，就像那红绿灯，一会儿红，一会儿绿。红的时候呀，就没法动了，动了就会出交通事故；绿的时候呢，就一路通畅无阻。"老太太顿了顿，"有时你远远看着那灯是绿的，等车子加速到了跟前，却可能突然就红了；有时远看是红的，到了跟前就变绿了。有的车到每个路口，都可能是绿灯变红灯，有的车到每个路口，都是红灯变绿灯。可是呀，他们最终都同样离开了这里，朝着遥远的地方去了。有了这红绿的变换，人生的步伐才有快慢调整，人生的景色才会五彩斑斓。为什么要为一次红灯而焦虑不安，或为一次绿灯而兴奋不已呢。"

迈克终于醒悟，原来自己一直在人生的路口遇着红灯，而绿灯总会闪起，远方依然在召唤。带着对老太太的感激，迈克开始了新的努力。

40岁那年，迈克成了美国最著名的电脑经销商，拥有亿万家产。在哈佛大学演讲那天，在如雷的掌声中，他没有忘记当年那位房东老太太的教诲。他平静地说道："我只不过是遇上了人生的绿灯而已。"

成功的时候，不要忘记人生还有红灯；失败的时候，不要忘记前方可能就是绿灯。成败体现不出一个人的价值，只是一种规律作用下的必然结果。无论成败，你都还有自己的价值，它比单纯的成败更值得重视。

◎ 内心坚毅的人总会出头

困难可以将一个人击垮，也可以使一个人振作。这取决于如何去看待和处理困难。

美国一所大学的普通校舍里，住着两个大学生，一个叫法兰克，另一个叫保罗。贫穷的保罗几乎从大学二年级开始就不得不靠向同学四处借债度日。毕业时，负债达1200美元之多的保罗不辞而别，从此在同学中销声匿迹。

纷纷找上门来的债主要法兰克有机会时转告保罗，他们将对保罗提起诉讼。法兰克努力劝说这些愤怒的同学，他说凭他平日里对保罗的了解，保罗虽穷困至极，但他从未被穷困击倒，他拥有着坚强的毅力，而坚毅的人总会出头。他要求这些同学再耐心等待一段时间。

凭借法兰克出众的人格魅力与领导才能，诉讼风波暂时平息了，时间一过就是十年。十年后，在一次法兰克召集并主持的同学会中，有一个形容消瘦的人中途赶来，仔细一看，竟是保罗。

保罗从怀中掏出一张折得皱巴巴的纸片，告诉在座的同学:"我今天是来还债的,我所借过的每一分钱都详详细细地记录在这张纸上……"

直到这时大家才知道,当时保罗负债离去之后并没有回家,在找遍工作不成之后,他上了一艘远洋货轮,做了一个勤杂工,他随货轮跑遍了大半个地球。最后辗转到了瑞士,登上陆地后,他找了一份做小学教师的工作,并用微薄的工资积存够了他当年所欠下的债款……

听完保罗的讲述,会场一片沉默,直到法兰克走上前去热烈地拥抱了保罗,大家才醒过神来。

后来,在一篇回忆录中讲出这个故事的是法兰克,法兰克是同学们对他的昵称,他真实的姓名叫富兰克林·罗斯福,是美国的第 32 任总统,一个瘫痪后又站起来的人,一个说"坚毅的人总会出头"并且自己亲身证明了此话的人。

人世中不幸的事如同一把刀,它可以为我们所用,也可以把我们割伤。关键要看你握住的是刀刃还是刀柄。遇到困难时,如果握着"刀刃",就会割到手;但是如果握住"刀柄",就可以用来割东西。

三、你别走到一半，就不走了

我们常想着自己能够闪闪发光，这个过程叫成长。所谓成长，不是在成熟的过程中丢弃自己深爱的东西，而是用尽全力把那些珍惜的事情紧紧抱在怀里；不是看着无力改变的环境怨天尤人，而是接受环境改变自己但不忘初心；不是了解了现实的残酷而胆怯，而是在面临一切的时候都能够坚定信念，永不放弃。

◎ 别让生活打破了梦想

你可能觉得自己目前的状况很糟糕，但其实最糟糕的往往不是贫困，不是厄运，而是精神和心境处于一种毫无激情的疲惫状态：那些曾经感动过你的一切，已经无法再令你心动；那些曾经吸引过你的一切，同样不再美丽；甚至那些曾经让你愤怒的、仇恨的、发狠要改变的，都已无法在你心中激起波澜。这时，你需要为自己寻找另一片风景。

要想改变我们的人生,首先就要改变我们的心态。只要心态是阳光的,我们的世界就会是光明的。事实上,我们与那些成功者之间本身并无太大差别,真正的区别就在于心态:前者的心中一直想着驾驭生命,而我们则一直在被生命所驾驭。心态的好坏决定了谁是坐骑,谁是骑师。

他,里面穿着一件旧T恤,外面套着略显破旧的皮夹克,夹克的肩部垫着厚厚的皮垫,上面放着一个便携音响连着组合乐器,他带着这些东西洒脱地奔向人群。他,就是流浪歌手。

每晚7点以后是他工作的开始,他会拿着自己编好的歌谱,去各个饭店让客人点歌。歌谱上的歌曲有许多:现代的、过去的、新潮的、经典的。他最喜欢的是张雨生的《我的未来不是梦》。

天黑得快,又冷。很少有人会在外面吃饭,他不得不多去些地方碰运气,因为有些饭馆是不让他进的。一个小时过去了,他仍然没有挣到一分钱。走了几站的路,他有点累了,靠在路灯下,半闭着眼,长发在光晕下显得如此沧桑。这两年他的性格已经在别人的冷嘲热讽、白眼,甚至是骂声中被磨得没了棱角。有一段时间他感到很迷茫。在自己的地下室出租屋里一待就是一天,或者去看老年人打牌、下棋。他想过放弃,但自己为了音乐付出了这么多,就这样放弃他又有些不甘。他反复地说:"人这一辈子总得有个奔头,有个希望。"而音乐当然就是他的希望。他相信自己能成功。他并不觉得自己比那些明星差多少。

一个青年女子走了过来，丢下1块钱在地上，他拾起来还给了她，说："我是卖艺的，不是要饭的。"她轻蔑地看了他一眼，随便点了一首歌，没等他唱几句，转身离开了。这是他赚到的第一笔钱，钱是拿到了，但拿得却是如此心酸。

临近午夜，他开始往回走。天气有些凉，路上的人已经很少了。他不冷，走了这么久的路，身子早就暖和过来了。走到一个酒店门口，他被两个醉汉拉住，非要他唱歌给他们听。他唱了几首，他们很高兴，但拒绝付钱，几个人纠缠在一起，被酒店保安劝开，他无奈地被赶走。

他一天的工作结束了，这一天他只挣到一点饭钱，空寂的马路上，路灯映着他疲惫的背影，他的耳边忽然又响起那首歌：你是不是像我在太阳下低头，流着汗水默默辛苦地工作；你是不是像我就算受了冷漠，也不放弃自己想要的生活……

他是谁？也许现在一文不名，但你又怎知他日后不会成为下一个歌星呢？因为事业的关键就在于一个坚持。

◎ 冷板凳不怕坐十年

"板凳要坐十年冷"出自南京大学教授韩儒林先生的一副对联："板凳要坐十年冷，文章不写半句空"。范文澜在华北大学甚至更早的时候，也提倡二冷——"坐冷板凳，吃冷猪头肉"。

无论是韩儒林先生的"板凳要坐十年冷",还是范文澜先生的"坐冷板凳,吃冷猪头肉"讲的都是一样的道理。干事业和做学问一样,都要专心致志,不慕荣誉,不受诱惑,不去追求名利,能够忍受寂寞。而且,要做到不跟风,不随大流,坚定自己的信念,不怕受冷落。一个人要想成就自我,就要学会在寂寞中坚持,在寂寞中磨炼自我。

当年的刘备,只是一个卖草鞋的小贩。在当时,这是一份很卑微的工作。在他自己看来,一个皇家子孙从事这样一份下贱行业,还不如一个普通的草民。然而,为了生存,实现梦想,他仍然尽心尽力地干着这份卑微的工作。而也正是这个原因,这样的人才能在最后成为真正的英雄。

煮酒论英雄的时候,曹操就曾言,这个世界上就是像刘备和他一样的人,在位居高处的时候能心平气和,在失落低谷的时候能像天上的龙一样,把自己隐藏在乌云之中,酝酿世机,等条件一旦成熟就腾云驾雾,翻江倒海。这就是刘备、曹操这样的大英雄所具备的素质与胸怀。

对于一个人来说,逆境最能磨炼一个人的心志。刘备不能这样一直卖草鞋,他在默默地等待着机会,寻找着机会。在等待中磨炼自己的意志。那么,被人们称为地摊行业的祖师爷刘备,在干这样一份卑微工作的过程中,学习到了什么,准备了什么?

第一,成大事者首要的条件是要有胸怀。一个没有胸怀的人难成伟业,只有胸怀宽广,眼光长远,他才能看到常人所看不到的。在饥寒交迫,备受压力的情况下,才能有一帮好兄弟,肯与他一起打江山，有气度，才有未来，兄弟们也知道跟着这样的人以后肯定吃不了亏，有发展前途。而这个胸怀就需要有一个正确价值观的引导，没有一个正确的价值观，领导者就会失去方向。

第二，成大事者必需的条件是甘于等待。在逆境中，只有学会了等待，耐得住寂寞，才能找准时机。要知道，"板凳要坐十年冷"练的是内功。

多年前，俄亥俄州丛林中的一间小木屋里居住着一个贫穷的妇女和18个月大的婴儿，这个婴儿健康、平安地长大了，母亲为此十分高兴。为了给母亲分忧，他很小的时候便学会了一些农活。他不仅帮助母亲干很多活，而且学习还特别用功，即使是借来的书他都要仔细阅读。

16岁的他看上去已经像一个成年人了，能够一个人把一群骡子赶到城里去。于是，母亲给他找了一份工作——在一个学校擦洗地板和打铃，而他从中所得的报酬刚刚能够支付他的学习费用。

在第一个学期，他只花费了17美元。到下一个学期开学时，他的口袋里只有6个便士。第二天，就连最后的6个便士也被他捐给了教堂。无奈之下，他又找到了一份新的工作，每晚以及周末，他要为木匠做一些杂活，如刨木板、清洗工具、管理灯火等，每周可以拿到2美元的工资。在工作后的第一个星期六，他一口气刨好了51块木板，木匠看他如此勤奋，又给了他2美元的奖金。

就这样，他靠自己的能力支付了这一学期所有的学习费用。

没过多久，这个小伙子凭着自己的努力，以优异的成绩考入了威廉斯学院。两年后，他以同样优异的成绩拿到了毕业证书。

在他 29 岁那年，他成功地进入了州议会。他 33 岁那一年，已经成为了年轻的国会议员。27 年之后，他走进了白宫，成为了美利坚合众国的总统，他就是众所周知的詹姆士·加菲尔德。

没有人能随随便便成功，所以成功者无不是经历了长时间的准备，吃过苦，遭过罪，受过冷遇，挨过寂寞。庆幸的是，他们都挺了过来。每一个成功者，都有着不一样的经历，这些经历形成了他们的人生阅历，同样地，这些人生阅历中最重要的一点就是都在为了自己的梦想努力着，不断地克服一个接一个的困难，直到自己实现了自己的成功为止。

◎ 成与败也许只在一念间

成功与失败的区别只在一念之间，也许完全取决于你能否坚持到最后的一刻。

很多人都是在事业初期奋斗热情不减，斗志昂扬，在这一阶段，普通人与成功人士并没有太大的差别。往往到最后那一刻，顽强者与懈怠者便出现了不同之处：前者克服一切困难一直撑到最后，而后者却被困难击倒，放弃了努力，在中途便停了下来。于是，便产生了不同的结局。

一位年轻人刚刚毕业,便来到海上油田钻井队工作。第一天上班,带班的班长提出这样一个要求:在限定的时间内登上几十米高的钻井架,然后将一个包装好的漂亮盒子送到最顶层的主管手里。年轻人听后,尽管百思不得其解,但他还是按照要求去做了,他快步登上了高高的狭窄的舷梯,然后气喘吁吁地将盒子交给主管。主管只在上面签下了自己的名字,然后让他送回去。他仍然按照要求去做,快步跑下舷梯,把盒子交给班长,班长和主管一样,同样在上面签下自己的名字,接着再让他送交给主管。

这时,他有些犹豫。但是依然照做了,当他第二次登上顶层把盒子交给主管时,已累得两腿直发抖。可是主管却和上次一样,签下自己的名字之后,让他把盒子再送回去。年轻人把汗水擦干净,转身又向舷梯走去,把盒子送下来,班长签完字,让他再送上去。他实在忍不住了,用愤怒的眼神看着班长平静的脸,但是他尽力装出一副平静的样子,又拿起盒子艰难地往上爬。当他上到最顶层时,衣服都湿透了,他第三次把盒子递给主管,主管傲慢地说:"请你帮我把盒子打开。"他将包装纸撕开,看到盒子里面是一罐咖啡和一罐咖啡伴侣。这时,他再也忍不住了,怒气冲冲地看着主管。主管好像并没有发现他已经生气了,只丢下一句冰冷的话:"现在请你把咖啡冲上!"年轻人终于爆发了,把盒子重重地摔在了地上,然后说了一句:"这份工作,我不干了!"说完,他看看摔在地上的盒子,刚才的怒气一下子都释放了出来。

这时,那位傲慢的主管以最快的速度站起来,直视他说:"年轻人,刚才我们做的这一切,被称为承受极限训练,因为每一个在海上作业的人,随时都有可能遇到危险。不幸的是,你没有坚持到最后,虽然你通过了前三次,可是最后你却因难忍一时之气而功亏一篑。要知道,只差最后一点点,你就可以喝到自己冲的甜咖啡。现在,你可以走了。"

人生成功的转折点,关键在于能够一直坚持下去。那些毅力不够的人,在困难面前往往选择逃避或半途而废。人生中几乎所有一切的失败,都是起因于他们自己对于所企望的事情的疑惑,源于他们没有坚持到底,没有再接再厉,没有一直努力下去。这像我们爬山一样,在即将到达顶峰时若不能再使一点力气,那就有可能前功尽弃到不了峰顶,这就是成功与失败的最本质的区别。换言之,成功与失败,就看我们能否在这一步上坚持到底。

所以说不管在什么样的情况下,都不要让自己变得那么懦弱,不要因为暂时的一点挫折,而放弃本应该属于自己的成功,也不要因为自己暂时的失败,而放弃了自己的梦想。一个人贵在有成功的欲望,要相信只要自己不让百分之一放弃的思想滋生,那么自己就会拥有百分之百的成功。

许多失败者的可悲之处在于被眼前的障碍所吓倒,他们不明白只要坚持一下,排除障碍,就会走出逆境,就会走向属于自己的一片天空,因为没有坚持到最后,结果在即将走向成功时,自己打败了自己,失去了应有的荣誉,从而与成功失之交臂。

◎ 如果挖井，就挖到水出为止

我们很难想象那些总是半途而废的人能做成什么事情，因为他们每一次都草草地开始，又都匆匆地结束，目标摇摆不定，三心二意，今天觉得这个好，明天又觉得那个好，三天打鱼，两天晒网，最后兜了一圈回来，自己还在原来的地方一事无成。

人们往往虔诚而又谦卑地讨教成功的经验，当知道答案是"坚持"二字时，好多人都叹息自己当初为什么没有坚持呢。譬如，挖掘一口水井，挖了99%，还没有发现泉水，于是自己就放弃了，那么过去的努力也就白费了。

1999年初的一天，在日本北海道的一处温泉景区内，杨长林手握一杯清酒，半躺在树林掩映的汤池里，一边欣赏着周围的花草假山、奔跑的孔雀，一边感叹说："要是把这个温泉搬回重庆，该多好啊！"

这个念头，让当时已在房产和酒店业颇有建树的杨长林突然迷上了温泉。半年后，他到铜梁收购了一个温泉——古西温泉。没想到，花了上千万投资后，才发现附近有一家污染严重的造纸厂。

第一次受挫并没有动摇杨长林搞温泉的信心。

之后，他很快又雇了一家地质勘探公司，在重庆一处地方挖起了温泉。井打了几千米却没出水——杨长林这次花了400多万元，明白了一个"行业常识"：打温泉井是要讲点运气的，因为目前普遍的成功率只有60%。

这个不行，那就再开挖一个吧。杨长林马上又掏了400万元，再找了一处地方打井。哪知道，最后仍然没"挖"出温泉。

"老板不是有毛病吧？公司的生意做得好好的，偏要去拿这么多钱来挖洞洞耍！"搞温泉一上来就连遭三次失败，让一些员工和朋友对杨长林的举动有了"看法"。杨长林心里也开始有些动摇了。他已做好了在公司大会上对自己"决策失误"道歉的准备。然而，一张地图的意外出现，彻底改变了大会的原来的意思，也在很大程度上改变了杨长林的命运。

就在大会开始前1个小时，一位著名的地质专家，突然不请自到，拿着一张地质结构图，找到了杨长林。

"听说您四处在打温泉井，可您知道吗？就在你的脚底下，就有形成于2.3亿年前的三叠纪嘉陵江组岩层，具有数万年矿化龄的天然温泉？在这里打井，我有九成的把握挖出温泉。"专家说道。这次，杨长林又动心了。

1个月之后，扬长林开始第四次打温泉井。然而，温泉井打了3个多月，仍未发现明显的水热反应。难道这次又失败了？每天七八万元的打井成本，让杨长林的心情十分沉重。"放弃了吧，董事长！"一位员工劝告说。"最后再挖5天！"杨长林几乎绝望地说。

"难道老天要我放弃？"2001年4月15日，杨长林在日记中这样写道。

而在"失败倒计时"的第三天,在钻机设备到达3060米"极限钻深"的最后关头,一股浓烈的硫黄气味弥漫而出。"啊,出水了!"当第一股温泉水从工地上喷出时,工人们沸腾了。这时候的杨长林,却一个人悄悄回到办公室,在自己的日记本上写下6个字:"哎,终于赌赢了!"

"真是命运多坎坷呀!"从商20多年来,无论卖服装、做餐饮、搞房产,杨长林几乎样样都特别的顺利。可他就是很纳闷,为什么做起温泉生意,就开始连续"倒霉运",第一个温泉"套牢"了,第二个、第三个温泉"挖废"了,而第四个温泉掘地几公里也还不见水。

那一刻,杨长林不假思索地写出一个名字:天赐温泉。

很多事情,只要往前跨一步就是成功,关键就在于你肯不肯坚持这关键的一步。摆在我们人生面前的路总是有很多条的,如果你选择了一条你认为正确并有兴趣走下去的路,那么,无论这条道路是荆棘还是泥泞,你都应该义无反顾地走下去。

有恒心和毅力的人往往是笑到最后、笑得最好的胜利者。半途而废的人是不会拥有财富的,因此,如果你要挖井,就一定要挖到水出为止。

◎ 再试一次，结果也许就大不一样

成功，有时就薄如一张纸，穿过了你自会知道，但是，在没有抵达之前，它看上去是那么遥远！在这条道路上，你没有耐心去等待成功的到来，那么，你只好用一生的耐心去面对失败。

有位小伙子爱上了一位美丽的姑娘。他壮着胆子给姑娘写了一封求爱信。没几天她给他回了一封奇怪的信。这封信的封面上署有姑娘的名字，可信封内却空无一物。小伙子感到奇怪：如果是接受，那就明确说出；如果不接受，也可以明确说出，或者干脆不回信。

小伙子鼓足信心，日复一日地给姑娘写信，而姑娘照样寄来一封又一封的无字信。一年之后，小伙子寄出了整整99封信，也收到了99封回信。小伙子拆开前98封回信，全是空信封。对第99封回信，小伙子没有拆开它，他再也不敢抱任何希望。他心灰意冷地把那第99封回信放在一个精致的木匣中，从此不再给姑娘写信。

两年后，小伙子和另外一位姑娘结婚了。新婚不久，妻子在一次清理东西时，偶然翻出了木匣中的那封信，好奇地拆开一看，里面的信纸上写着：已做好了嫁衣，在你的第100封信来的时候，我就做你的新娘。

当夜，已为人夫的小伙子爬上摩天大厦的楼顶，手捧着99封回信，望着万家灯火的美丽城市，不觉间已是潸然泪下。

因为屡屡碰壁，便放弃努力，最终与梦想擦肩而过，有多少人都是这样的？许多时候，真正让梦想遥不可及的并不是没有机遇，而是面对近在眼前的机遇，我们没有去"再试一次"。要知道，常常是最后一把钥匙打开了门。

在绝望中多坚持一下，往往会带来惊人的喜悦。上帝不会给人不能承受的痛苦，所有的苦都可以忍耐，事实上，一个人只要具备了坚忍的品质，便可以苦中取乐，若懂得苦中取乐，则必然会苦尽甘来。

美国有个年轻人去微软公司求职，而微软公司当时并没有刊登过应聘广告，看到人事经理迷惑不解的表情，年轻人解释说自己碰巧路过这里，就贸然进来了。人事经理觉得这事很新鲜，就破例让他试了一次，面试的结果却出乎人事经理意料之外，他原以为，这个年轻人定然是有些本事才敢如此"自负"，所以给了他机会，然而年轻人的表现却非常糟糕。他对人事经理的解释是事先没有做好准备。人事经理认为他不过是找个托词下台阶，就随口应道："等您准备好了再来吧"。

一周以后，年轻人再次走进了微软公司的大门，这次他依然没有成功，但与上一次相比，他的表现已经好很多了。人事经理的回答仍与上次一样："等您准备好了再来吧"。

就这样，这个年轻人先后5次踏进微软公司的大门，最终被公司录取。

做人的道理，就好比堆土为山，只要坚忍下去，总归有成功的一天。否则，眼看还差一筐土就堆成了，可是到了这时，你却歇了下来，一退而不可收拾，也就会功亏一篑，没有任何成果。所以说，只有勤奋上进，不畏艰辛勇往直前，才是向成功接近的最好途径。

或许我们一路走来荆棘遍布；或许我们的前途山重水复；或许我们一直孤立无助；或许我们高贵的灵魂暂时找不到寄宿……那么，是不是我们就要放弃自己？不！我们为什么不可以拿出勇者的气魄，坚定而自信地对自己说一声"再试一次！"再试一次，结果也许就大不一样。

◎ 一次挫折是失败，一百次挫折是成功

成功的路上纵然多荆棘，多坎坷，但是心中若有梦想，就一定要坚持，要激情永在。不坚持，你的梦想再伟大，也无法成为现实，变不了现的梦想根本不值钱，那不过是个想法罢了。不奋斗，哪来的资本，所以一定要坚持，要实际行动起来，而不是放在嘴上说说就完事。

大卫·贝克汉姆是举世知名的足球运动员，但他小时候却是一名"越野跑"选手。贝克汉姆加入车队不久，机会就来了，著名的 Essex 越野跑大赛将在 4 个月后隆重开幕。遗憾的是，他所

在的车队知道这个消息时，报名截止日期已经过去了。尽管如此，车队的老板还是希望借助这个机会把车队的名气打出去。他去拜访大赛的组织者亨特里先生，希望事情能有转机，结果，碰了个钉子，垂头丧气地回来了。但他并未死心，又派几个得力的助手去拜访，结果依然无功而返。

大家都很沮丧，已经准备放弃了。这时，新人贝克汉姆自告奋勇："让我去试试吧，我相信自己能够说服亨特里先生。"老板看着这个乳臭未干的孩子，摇了摇头："他是个不讲情面的人，孩子，你打动不了他。"

贝克汉姆把胸脯拍得咚咚响："我一定可以做到的！不过我要是成功了，我希望可以代表车队出战。"事情到了这个地步，老板也就抱着"死马当活马医"的态度，答应了贝克汉姆的请求。

当晚，拿着老板给的地址，贝克汉姆顺利找到了亨特里的别墅，却被保姆拦在了门外。

"你好。"贝克汉姆礼貌地递上车队名片，说，"请转告亨特里先生，我想和他聊聊赛车。"片刻后，保姆走了出来："对不起，先生说，你们已经来过几次了，没有必要再联系了。"贝克汉姆依然微笑着，说："没关系的，请转告亨特里先生，明天我还会来。"

第二天晚上，贝克汉姆早早来到了亨特里的别墅前，他在八点钟准时敲响房门，开门的依然是那位保姆。贝克汉姆微笑着说："请转告亨特里先生，我想和他聊聊赛车。"保姆不忍当面拒绝,进去请示了,片刻后,保姆出来说:"孩子,你还是走吧。先生不愿意见你。"贝克汉姆仍不气馁,"我明天还是会来的。"

此后的三个月,贝克汉姆每天都来,周末的时候,还坚持一天过来拜访两次,尽管他一次都没见到亨特里先生,但贝克汉姆仍然没有放弃。

那个雨夜,在他又一次敲响房门后,保姆说:"孩子,我给你算过了,加上这次,你已经来过整整 100 次了。我很佩服你,但我们先生应该不会见你,他正在看球。"当得知亨特里还是一名球迷时,贝克汉姆的眼前一亮,他冲着屋内大声说道:"亨特里先生,我今天不跟你谈车,我们谈谈足球吧。"当听到亨特里房间里的电视声音弱了很多时,贝克汉姆开始大谈英格兰足球现状和自己的看法。

过了一会儿,门开了,亨特里走了出来,"你是个对足球有深刻见解的人,而且,你很执着,我相信你的未来是一片璀璨的。所以,我愿意与你谈谈这次比赛的细节。"接下来,两个人在书房里谈了两个小时,谈妥了贝克汉姆车队参加 Essex 越野跑大赛的所有细节。

一个月后,Essex 越野跑大赛如期进行,凭着出色的表现,贝克汉姆摘得了 Essex 越野跑大赛的冠军。多年后,贝克汉姆转战足球,因为刻苦努力,坚持不懈,他的足球事业同样风生水起,他苦练出来的任意球和长传技术,也成了赛场上屡战屡胜的法宝。每一次去和球迷见面,都有不少球迷问他成功的秘诀,贝克汉姆总是语重心长地说:"我想告诉你们的是,这个世界上没有什么比坚持更厉害的武器了，我要送给你们一句话，同时也是我人生的总结——一次挫折是失败，一百次挫折便是成功。"

　　认准的事儿，千万别放弃。有了第一次放弃，你的人生就会习惯于知难而退，可是如果你克服过去，你的人生就会习惯于迎风破浪地前进，看着只是一个简单的选择，其实影响非常大，会使你走向截然不同的人生。

◎ 坚持，助你到达成功的彼岸

　　忍耐痛苦比放弃更需要勇气。在绝望中多坚持一下，终将带来喜悦。上帝不会给你不能承受的痛苦，所有的苦都可以忍耐，事实上，一个人只要具备了坚忍的品质，便可以苦中取乐，若懂得苦中取乐，则必然会苦尽甘来。

　　在自然界，有什么东西会比石头还硬，又有什么东西会比水还软？然而，软水却可以穿石，因为坚持。

　　几年前，35岁的普林斯因公司裁员，失去了工作。从此，一家人的生活全靠他打零工挣钱来维持，经常是吃了上顿没下顿，有时甚至一天连一顿饱饭也吃不上。为了找工作，普林斯一边外出打工，一边到处求职，但所到之处都以没有空缺职位为由，将其拒之门外。然而，普林斯并不因此而灰心。他看中了离家不远的一家名为底特律的建筑公司，于是给公司老板寄去了第一封求职信。信中他并没有将自己吹嘘得如何有才干，也没有提出任何要求，只简单地写了这样一句话："请给我一份工作。"

这家建筑公司的老板约翰逊在收到这封求职信后，让手下人回信告诉普林斯，"公司没有空缺"。但是他仍不死心，又给这家公司老板写了第二封求职信。这次他还是没有吹嘘自己，只是在第一封信的基础上多加了一个"请"字："请请给我一份工作。"此后，普林斯一天给公司写两封求职信，每封信的内容都一样，只是在信的开头比前一封信多加一个"请"字。

3年间，普林斯一共写了2500封信。这最后一封信有2500个"请"字，接着还是"给我一份工作"这句话。见到第2500封求职信时，公司老板约翰逊再也沉不住气了，亲笔给他回信："请即刻来公司面试。"

面试时，公司老板约翰逊愉快地告诉普林斯，公司里有项很适合他的工作：处理邮件。因为他很有写信的耐心。

当地电视台的一位记者获知此事后，专程登门对普林斯进行了采访，问他：为什么每封信都只比上一封信多增加一个"请"字？

普林斯平静地回答："这很正常，因为我没有打字机，只能用手写。每次多加一个'请'字，是想让他们知道这些信没有一封是复制的。"

这位记者还问公司老板，为什么录用了普林斯？

老板约翰逊不无幽默地回答："当你看到一封信上有2500个'请'字时，你能不受感动？"

如果是你，你会不会这样做？也许不会，那你或许就要与成功失之交臂了。

　　所以当我们遇到挫折时，请给自己一个信念：马上行动，坚持到底！成功者绝不放弃，放弃者绝不会成功！我们要坚持到底，因为我们不是为了失败才来到这个世界的！所以当你打算放弃梦想时，告诉自己再多撑一天、一个星期、一个月，再多撑一年，你会发现，拒绝退场的结果往往令人惊讶。

　　其实，这世间最容易的事是坚持，最难的事也是坚持。说它最容易，是因为只要愿意做，人人都能做到；说它最难，是因为真正能做到的，终究是极少数的人。但只要你愿意再试一次，你就有可能达到成功的彼岸！

四、努力，才会有未来

很多事，能与不能不在于人的能力，而在于心的力量。只要你想，并愿意为之努力，梦总有实现的时候。别让现在的温暖和安逸吞噬了你，把你变成一个不折不扣的庸人，要借着年轻的光，勇敢大步地向前走，就算流下血泪也不必太在乎。追梦的路上，不止有艰难，还有风景。

◎ 你一打盹，也许危险就来了

21世纪，没有危机感就是最大的危机。你想一成不变，可这个世界一直在变，并且它不会因为你的停顿而停滞不前。大形势要求我们必须做出改变。

看看那些身经百战的企业家是怎么说的：

微软的比尔·盖茨说："微软离破产永远只有18个月。"

海尔的张瑞敏总是感觉："每天的心情都是如履薄冰，如临深渊。"

联想的柳传志一直认为："你一打盹，对手的机会就来了。"

百度的李彦宏一再强调："别看我们现在是第一，如果你30天停止工作，这个公司就完了。"

别以为那都是企业家们的事情，事实上你的生活一样危险。在这个不断更新的社会中，一个人的成长过程就像是学滑雪一样，稍不留心就会摔进万丈深渊，只有忧虑者才能幸存。

陈应龙曾在一家企业担任行政总监，而如今却是一名待业者。在他成为公司的行政总监之前，他非常能折腾自己，卖命地工作，并且不断地学习和提升自己。他在行政管理上的才华很快得到了老板的肯定，工作3年之后他被提拔为行政主管，5年之后他就升到了行政总监的位置上，成了全公司最年轻的高层管理人员。

然而升职以后，拿着高薪，开着公司配备的专车，住着公司购买的豪宅，在生活品质得到极大提升的同时，他的工作热情却一落千丈。他开始经常迟到，只为睡到自然醒；他也开始经常请假，只为给自己放个假；他把所有的工作都推给助手去做。当朋友们劝他应该好好工作的时候，他却说："不需要那么折腾了，坐到这个位置已经是我的极限了，我又不可能当上老总，何必把自己折腾得那么辛苦？"

这时的他俨然把更多精力放在了享乐上。就这样，他在行政总监的位置上坐了差不多2年的时间，却没有一点拿得出手的成绩，又有朋友提醒他："应该上进一点了，没有业绩是很危险的。"

没想到，他却不以为然："我是公司的功臣，公司离不开我，老板不会卸磨杀驴！"

的确，公司很多工作确实离不开他。然而，他的消极怠工最终还是让老板动了换人的念头。终于有一天，当他开着车像往日一样来到公司，优越感十足地迈着方步踱进办公室时，他看到了一份辞退通知书。陈应龙就这样被自己的不思进取淘汰掉了。

被辞退了，高薪没了，车子退了，豪宅也收回了，这时的他不得不去租一间小得可怜、上厕所都不方便的单间。

很多人都像上面这位老兄一样，自以为不可替代，其实，这个时代缺少很多东西，但独独不缺的就是人，所以，真的别放纵自己懒散。

人常说"知足是福"，的确，知足的人生会让我们体会到什么是美好，会让我们知道什么东西才值得去珍惜；但不满足也会告诉我们，其实我们还可以做得更好，我们还可以更进一步。所以，人生要学会知足，但不要轻易满足。在现代社会，竞争的激烈程度不言而喻，无论从事哪种职业，都需要一定的危机感。从某种程度上说，危机感也是一把双刃剑，有时人的危机感过于膨胀，的确会让人心力交瘁，甚至在压力下走向崩溃。可是，如果我们假设一下没有危机感的情形，就会发现，假如危机感消失，那么大到国家小到个体，就都会进入一种自满无知的状态。这种满足感就像酒精一样，麻木了他们的感官，模糊了他们的视线，使他们无法看到大局、长远目标，以及自身所面临的危机。

就像我们前面提到的陈应龙，无论他曾经多么的出色，无论他曾为公司做出过多少贡献，从他自我满足的那一刻开始，他的一切就都将变得消极被动。这时的他是一种"当一天和尚撞一天钟"的状态，他把自己所做的每一件事只是当作任务来完成而已，不再思考如何做得更好；这时的他也最容易忽视竞争的存在，自以为已经在竞争中遥遥领先，那么就会像和乌龟赛跑的兔子一样，把自己的优点经营成一种笑话。相反，即使一个人能力并不出众，智慧也不超常，但只要他不安于现状，他愿意不停地充实自己，力求把每一件事都做到最好，他依然能够获得成功。

所以说，人不能一直停留在舒适而具有危险性的现状之中，因为当你停下前进的脚步时，整个世界并没有和你一起停下，你周围的人仍在不停地前进着。

◎ 你不成长，没有人会等你

每一天早上，非洲的大草原上从睡梦中醒来的羚羊都会告诉自己："赶快跑！"因为如果跑慢了，就很有可能被狮子吃掉！每一头从梦中醒来的狮子也会告诉自己："赶快跑！"因为如果慢了，就很有可能会饿死！这就是生存的法则。

人生的道路上你同样不能停步，因为你止步不前，有人却在拼命赶路。也许此时你站在这里，他还在你的后面，但当你再一回望时，可能就看不到他的身影了，因为，他已经跑到了你的前面，现在反过来需要你去追赶他了。所以，想保住自己的生存地位，你不能停步，你要不断向前，最好不断超越。

霍华德就职于华盛顿的一家金融公司，做他最擅长的人事工作。不久前，他所在的公司被一家德国公司兼并了。在兼并合同签订的当天，公司的新总裁宣布："我们愿意留下这里的老员工，因为你们拥有娴熟的工作技术，你们都曾为这家公司做过贡献，但如果你的德语太差，导致无法和其他员工交流，那么，不管职位多高的人，我们都不得不遗憾地请你离开。这个周末，我们将进行一次德语考试，只有合格的人才能继续在这里工作。"

下班后，几乎所有的人都停止了娱乐活动，他们必须要抓紧时间补习德语了。而霍华德却像往常一样出去休闲了，看来，霍华德已经放弃了这份工作。"这个不求上进的家伙！"同事们如是说道。

然而，令所有人意想不到的是，考试结果出来以后，这个在大家眼中没有希望的人却考了全场最高分。原来，霍华德早在初进公司时就发现，这家公司与德国人有很多的业务往来，不懂德语会使自己的工作受到很大的限制，所以，他从那时起就开始利用一切可以利用的时间学习德语了，最终学有所获。而他的很多同事，工作能力并不差，但却只能遗憾地离开了。

如果你每天落后别人半步，一年后就是183步。这样一来，10年后就算你甩断膀子、跑断腿，你也绝然不会赶上人家。竞争的实质，就是在最快的时间内做最好的东西，人生最大的成功，就是在有限的时间内创造无限的价值。冠军只有一个，任何领先，都是时间的领先！有时我们慢，不是因为我们不快，而是因为对手更快，那么你就必须让自己更加紧迫起来。

你能看多远，便能走多远。一个人的成长，需要规划，需要设计，也需要努力。虽然努力的人未必很成功，但不努力的人一定不成功。"过一天算一天"、"当一天和尚撞一天钟"的人什么时候都不吃香。你不成长，没有人会等你！

◎ 别让自己成为被温水煮的青蛙

对渐变的适应性会使人失去戒备，一直停留在舒适而具有危险性的现状之中，接下来等待我们的可能就是灾难。生存的法则不允许我们安于现状，只有居安思危，才能长安久安。强大的敌人会使人奋起反击，甚至超常发挥战斗力，可怕的是在安逸的环境中，逐渐被腐蚀，人，一旦放松警惕，危险不期而至。

美国康奈尔大学做过一次有名的实验。经过精心策划安排，他们把一只青蛙冷不防丢进煮沸的油锅里，这只反应灵敏的青蛙在千钧一发的生死关头，用尽全力跃出了那几乎使它葬身的滚滚油锅，跳到地面安然逃生。

隔半小时，他们使用一口同样大小的铁锅，这一回锅里装的是冷水，然后把那只死里逃生的青蛙放在锅里。这只青蛙在水里不时地来回游动。接着，实验人员偷偷在锅底下用炭火慢慢加热。

青蛙不知究竟，仍然在微温的水中享受"温暖"，等它开始意识到锅中的水温已经使它承受不住，必须奋力跳出才能活命的时候，一切为时太晚。它欲试乏力，全身瘫痪，呆呆地躺在水里，终致葬身在铁锅里面。

突如其来的危险往往会使人迅速做出反应，激发超乎寻常的防御能力，然而在安逸满足的环境下往往会产生漫不经心的松懈，也是最致命的松懈，到死都还不知何故。一部分人又何尝不像这只青蛙呢？他们安于舒适的现状，固守着一成不变的生活，以至于形成惯性思维，最终导致自己的人生停顿不前，逐渐被社会所淘汰。

21世纪，没有危机感就是最大的危机。你想一成不变，可这个世界一直在变，并且它不会因为你的停顿而停滞不前。大形势要求我们必须做出改变：要么快速做出反应，要么在沉默中死亡。

◎ 没有伞的孩子，必须努力奔跑

"你是一个没有雨伞的孩子，下大雨的时候，人家可以撑着伞慢慢走，但是你必须奔跑……"是的，你只有努力奔跑，否则怎么办？

你不能躲起来等雨停,因为雨停了或许天也就黑了,那时候你的路会更难走;你没有办法等待雨伞,因为你没有雨伞,也没有人会给你送伞。所以,你只能选择奔跑,而且是努力奔跑,玩了命似的奔跑,因为跑得越快,被淋得就越少。

有人说:"为什么要跑,难道跑前面就没有雨了吗?既然都是在雨中,我又为什么要浪费力气去跑呢?"是的,即使跑得再快,也会被淋湿,但这是一个态度的问题。努力奔跑的人可能会得到更好的结果,那就是衣服只湿了一点点,并不影响继续穿,而且可以继续他的社会活动;而不愿奔跑的人,被淋透的可能性是百分之百。这就是二者的不同——奔跑的人还有机遇,不愿奔跑的人则注定悲剧。

在现实生活中,绝大多数人如你我一样,都是没有伞却刚好碰到大雨的孩子,我们都很平凡,一如我们的父母一样,平凡到这个世界简直感觉不到我们的存在,那不是我们低调,而是我们没有高调的资本。所以我们必须学会奔跑,原因很简单,物竞天择,适者生存,强者生存,弱者被淘汰。

在加拿大的夏绿蒂皇后岛上,生活着一种小海雀,小海雀一旦孵化,它们的父母就马上出海捕食,到了深夜,小海雀会听到父母从远处发出的呼唤,它们便毫不迟疑跑出洞,穿过茂密的灌木,直达海滩。一路上,它们会不顾一切向前冲。而它们的父母就在远离陆地的大海上等它们。小海雀在这时候,几乎会用和路上狂奔同样的动作在大海上一路向前。

小海雀的爸爸妈妈之所以要这样训练自己的孩子,原因很简单：由于这种海雀的两翼很脆弱，不能展翅高飞，要在弱肉强食中生存下来，毫无选择，必须学会奔跑、游水和潜水。

平凡的我们就是那些小海雀，我们没有选择，只有那一条相对艰难的路，你不跑起来，生命就会在慵懒中逐渐消亡。所以没有伞的孩子，我们只能选择努力奔跑。是的，现在的我们仍然看着很平凡，名不见经传，但是我们要向着不平凡去努力。当然，就结果而言，我们不敢有绝对的判断，但是跑与不跑的两种态度将决定我们生命的质量：第一种人还有希望，第二种人只有失望。

每个没有伞的孩子都应该像小海雀一样，跑起来，因为这意味着：勇敢面对，接受挑战，努力争取，无所畏惧，没有后悔，没有抱怨，心中充满理想，充满希望，懂得为自己创造机会。而你今天的努力，将决定你明天的生活和成就。

◎ 学习的苦根上终会长出甜果

人的一生短暂，但学习却是一个漫长的过程。许多人都在追逐一些华而不实的东西，却忽视了作为人一生中一切事务根基的学习，以致到头来才发觉，自己的一生其实都处于浑浑噩噩的状态中，并未取得任何实质性的成就。

诚然，学习本来就是件很寂寞很辛苦的事情，但不能成为自己偷懒的借口。人不学则不进，何况竞争又是那样残酷，如果我们现在不努力学习，毫无疑问会被那些努力的人比下去，求职、求婚，到处碰壁。

此前，曾有两张美国哈佛大学学习的照片在网上引起一片感叹——学习时的苦痛是暂时的，未学到的痛苦是终生的。

照片显示：凌晨4点，哈佛大学图书馆依然灯火通明，这里座无虚席……图片配文这样写道：哈佛是一种象征。

央视《世界著名大学》制片人谢娟曾带摄制组前往哈佛大学进行采访。事后，她感慨道：

"我们到哈佛大学的时候，已经是凌晨2点了，可整个校园依然灯火通明，当时我们都很惊讶，那简直是一个不夜城。餐厅里、图书馆里、教室里仍有很多学生在看书，我们一下子就被那种强烈的学习气氛感染了。在哈佛，学生的学习是没有时间限定的，不分白天和黑夜。那时我才知道，在美国，在哈佛这样的名校，学生的压力是很大的。在哈佛，我们见到最多的就是学生一边啃着面包一边忘我地在看书。在哈佛采访，感受最深的是，哈佛学生学得太苦了，但是他们明显也是乐在其中。是什么让哈佛的学生能以苦为乐呢？我的体会是，他们对所学领域的强烈兴趣。还有就是哈佛学生心中燃烧的要在未来承担重要责任的使命感。从这些学生身上，你能感到他们生命的能量在这里被激发了出来。"

事实上，在哈佛，"征服学习"是每个人给自己设定的必须完成的任务。哈佛的学生说，哈佛学习强度大，睡眠少，有在炼狱的感觉，对意志是一个很大的挑战。但是如果挺过去，以后再大的困难也就能够克服了。

哈佛老师经常给学生这样的告诫："如果你想在进入社会后，在任何时候、任何场合下都能得心应手并且得到应有的评价，那么你在哈佛的学习期间，就没有晒太阳的时间。"

或许正是基于这份刻苦和努力，哈佛学子取得了令人瞩目的成绩，他们中有数十位诺贝尔奖获得者、8位美国总统以及各行各业的职业精英。

人生下来是一样的，都具备一样的大脑，一样的思维，在生命之初都没有表现出异于常人的特点。而有些人之所以能够取得令人羡慕的成绩，是因为他们明白："勤"字成大事，"惰"字误人生。有了这种意识，他们也就有了成为天才的一种精神，再加上格外勤奋学习，一个智慧的大脑，天才就在这大千世界里找到了最适合自己的位置。

谁都希望自己能在这个社会上扮演重要的角色，但绝大多数人只是在做着跑龙套的事情。聪明人，即使在跑龙套的时候，也会不断地学习和充电，因为只有学习和充电才能让人立于不败之地。事业的边界在内心，要想保证事业的边界不断增长，就必须扩大心灵的边界，学习，是唯一的途径！今天谁把学习当第一，将来谁就有能力争第一。

◎ 默默努力就好，不必所有人知道

　　有一种咖啡名叫卡布奇诺，浓郁的咖啡再加上润滑奶泡，汲精敛露，有一种与众不同的口味。起初闻起来味道很香，第一口喝下去时，可以感觉到大量奶泡的香甜和酥软，第二口可以真正体味到咖啡豆原有的苦涩，最后当味道停留口中，你又会觉得多了一份香醇和隽永。这就好比追梦的滋味，看上去很美很诱人，品尝起来却有一股淡淡的苦味，浓浓的醇香。

　　我们无法拒绝梦想的诱惑，一如面对我们最爱的咖啡我们无法拒绝一样。然而，在通往梦想的路上，无数的艰辛与坎坷让我们品尝了梦想的苦涩，体味了成功的辛酸。朋友，如果你也有过同样的感觉，如果你还在路上，那么继续赶路吧，就这样静静地靠近我们的梦想，就像品尝咖啡一样。没有张扬的欢呼，没有鼓励的掌声，有的只是无法与人分享的无边的寂寞。

　　银屏上我们看到的是完美的场面，精湛的演技，可是有谁知道银屏背后，为了拍片成功，那些演员们都经历了怎样的苦痛，所以说在你看到他们的精湛演技的同时，更应该看到他们付出的辛劳，如果能够看到他们的辛劳，那么你就会明白，成功需要的是什么。

　　是的，你需要的是低调，不管在什么时候付出努力就好，没有必要让所有的人都为你见证什么。所以说不管在什么时候只要静静地为了自己的成功努力就好，如果这个时候你不懂得为了自己的成功而努力，那么最终你是无法实现自己的成功的。在生活中，你拥有的是什么呢？或许是梦想，或许是激情，所以说不管在什么时候，你都要明白这一点。只要自己默默地努力就好，没有必要让所有的人都知道。